环境
HUANJ

Environmental

危险的气候——
温室效应

吴波◎编著

中国出版集团
现代出版社

图书在版编目（CIP）数据

危险的气候——温室效应／吴波编著．—北京：现代出版社，2012.12（2024.12重印）

（环境保护生活伴我行）

ISBN 978 - 7 - 5143 - 0961 - 4

Ⅰ．①危… Ⅱ．①吴… Ⅲ．①温室效应 - 青年读物 ②温室效应 - 少年读物 Ⅳ．①X16 - 49

中国版本图书馆 CIP 数据核字（2012）第 275456 号

危险的气候——温室效应

编　　著	吴　波	
责任编辑	刘春荣	
出版发行	现代出版社	
地　　址	北京市朝阳区安外安华里 504 号	
邮政编码	100011	
电　　话	010 - 64267325　010 - 64245264（兼传真）	
网　　址	www. xdcbs. com	
电子信箱	xiandai@ cnpitc. com. cn	
印　　刷	唐山富达印务有限公司	
开　　本	710mm×1000mm　1/16	
印　　张	12	
版　　次	2013 年 1 月第 1 版　2024 年 12 月第 4 次印刷	
书　　号	ISBN 978 - 7 - 5143 - 0961 - 4	
定　　价	57.00 元	

前　言

随着工业生产的发展和人类生活水平的提高，煤、石油、天然气等矿物燃料的需求量不断增大，它们燃烧后放出大量二氧化碳气体，加之人为的乱砍滥伐，能吸收二氧化碳的大片森林不断消失。因此，每年都有大量的二氧化碳进入大气，大气中二氧化碳含量增大。在地球的大气层中，二氧化碳等气体像温室的玻璃那样起保温作用，导致大气温度不断升高，这就是所谓的"温室效应"。

然而如果没有温室效应，地球就会冷得不适合人类居住。据估计，如果没有大气层，地球表面平均温度会是 $-18℃$。正是有了温室效应，使地球平均温度维持在 $15℃$，然而当下过多的温室气体导致地球平均温度高于 $15℃$。

而目前，人类活动使大气中温室气体含量增加，由于燃烧化石燃料及水蒸气、二氧化碳、甲烷及氟氯烷等产生排放的气体，经红外线辐射吸收留住能量，导致全球表面温度升高，加剧温室效应，造成全球暖化。使更多的水蒸气进入大气，加速了土地的沙漠化；导致南北极地和高原冰川消融；海水膨胀和海平面上升，淹没沿海地区；地球将面临中纬度地区生态系统和农业带向极区迁移；生物多样性降低；突发性气候灾难频度增加等，因此，"温室效应"给人类赖以生存的地球造成极大的破坏，直接影响人类的生存与发展。

现在随着自然环境的不断恶化，温室效应显示出来的问题越来越突出。有关温室效应的书籍也应运而生。本书《危险的气候——温室效应》共分 9 部分：温室效应及其产生原因、温室效应与相关气体、温室效应与自然灾害、温室效应与全球变暖、温室效应与雨林消失、土地沙化、温室效应与海平面上升、温室效应与动植物的变化、温室效应与人类生活、温室效应与环境保护。

　　本书首先带领我们观察了温室效应的表现形式以及对人类造成的巨大影响，然后讲述温室效应的产生原因以及其过程，最后又对未来温室效应会对地球产生的影响做了讲解，并提出我们应当怎样去治理温室效应。

　　书中详尽地介绍了有关温室效应的始末，希望此书能帮助人们更加详细地了解温室效应及其影响，加强人们对环境保护的意识，促使大家为环境保护贡献自己的一份力量。

目 录

温室效应及其产生原因

WENSHI XIAOYING JIQI CHANSHENG YUANYIN

自工业革命以来，人类向大气中排入的二氧化碳等吸热性强的温室气体逐年增加，大气的温室效应也随之增强，已引起全球气候变暖等一系列严重问题，引起了全世界各国的关注。

引发温室效应的原因众多，主要有太阳辐射、汽车尾气污染、高空中飞机尾气的污染，以及日常生产生活中温室气体的排放，加上人们对森林的毁坏，还有近期的新锐说法碳粒粉尘污染等。这些原因中，有些是大自然生态的影响，而更多来源于人类的活动。可见温室效应的产生与人类本身有很大的关系。

温室效应概念的由来

与人方便的花房效应

寒冷的冬季，可爱的小动物们纷纷躲进洞里，开始了冬眠；树木抖落叶子，迎接下一个春天。可是在一个漂亮的玻璃房子里，花团锦簇，百花争艳，好不热闹！这是为什么呢？

其实原因很简单，问题的关键就在那个漂亮的玻璃房了，人们一般称它为花房。因为它不仅可以让温暖的阳光射入，而且还能阻止屋内的热量向外扩散，这样一来，屋里边就会变得很暖和，花儿自然不惧寒冷，竞相开放。

人们把这个叫作"花房效应"。

很多年以前，春夏秋冬，一年四季，人们只能食用应季蔬菜，尤其到了冬天，那更是大白菜、土豆、萝卜的天下了，因为它们不像其他的蔬菜那样的"矫性"。可是到了后来，出现了花房的兄弟——温室大棚，于是，越来越多的蔬菜可以躲避严寒，冬天的餐桌变得丰盛起来。

漂亮的花房，温暖的蔬菜大棚，改善了人们的饮食，美化了人们的环境，人们不仅味觉得到了满足，视觉上更是好好地享受了一下。精神愉悦，神清气爽，岂不快哉！

影响我们生活细节的这个小花房——蔬菜大棚，谁能料到它竟然蕴藏着一个"天大的秘密"呢？

大气保温效应的影响

花房效应，大名叫"温室效应"。大气能使太阳短波辐射到达地面，但地表向外放出的长波热辐射线却被大气吸收，这样就使地表与低层大气温度增高，因其作用类似于栽培农作物的温室，故名温室效应。如果大气不存在这种效应，那么，地表温度将会下降约33℃或更多。反之，若温室效应不断加强，全球温度也必将逐年持续升高。

温室有两个特点：温度较室外高，不散热。生活中我们可以见到的玻璃育花房和蔬菜大棚就是典型的温室。使用玻璃或透明塑料薄膜来做温室，是让太阳光能够直接照射进温室，加热室内空气，而玻璃或透明塑料薄膜又可以不让室内的热空气向外散发，使室内的温度保持高于外界的状态，以提供有利于植物快速生长的条件。

在地球大气中，存在一些微量气体，如二氧化碳、一氧化碳、水蒸气、甲烷、氟氯烷等，它们也有类似于花房的功能，即让太阳短波辐射自由通过，同时强烈吸收地面和空气放出的长波辐射（红外线），从而造成近地层增温。我们称这些微量气体为温室气体，称它们的增温作用为温室效应。

自工业革命以来，人类向大气中排入的二氧化碳等吸热性强的温室气体逐年增加，大气的温室效应也随之增强，"温室效应"或说全球变暖，造成天气干旱或旱涝不均，使地面植物生长受影响，地面沙漠化加剧，沙尘暴频繁发生等一系列严重问题，引起了世界各国的关注。

➤➤➤ 知识点

> 　　温室大棚：又称暖房。能透光、保温（或加温），用来栽培植物的设施。在不适宜植物生长的季节，能提供生育期和增加产量，多用于低温季节喜温蔬菜、花卉、林木等植物栽培或育苗等。现代化温室中具有控制温湿度、光照等条件的设备，用电脑自动控制创造植物所需的最佳环境条件。

延伸阅读

　　工业革命：又称产业革命，发源于英格兰中部地区，是指资本主义工业化的早期历程，即资本主义生产完成了从工场手工业向机器大工业过渡的阶段。工业革命是以机器取代人力，以大规模工厂化生产取代个体工场手工生产的一场生产与科技革命。由于机器的发明及运用成为了这个时代的标志，因此历史学家称这个时代为"机器时代"。

太阳辐射与温室效应

"天然的温室效应"

　　假若没有大气层，地球表面的平均温度不会是现在适宜的 $15℃$，而是十分低的 $-18℃$。这温度上的差别是由于一些温室气体所导致，这些气体吸收红外线辐射而影响到地球整体的能量平衡。在现实生活中，受到温室气体的影响，大气层吸收红外线辐射的能量多过它释放到太空外的，这就使地球表面温度上升，此过程可称为"天然的温室效应"。

　　太阳向宇宙空间发射电磁波和粒子流，地球所接受到的太阳辐射能量仅为太阳向宇宙空间放射的总辐射能量的二十亿分之一（5×10^{-10}），但却是地球大气运动的主要能量源泉。

　　到达地球大气上界的太阳辐射能量称为天文太阳辐射量。在地球位于日地平均距离处时，地球大气上界垂直于太阳光线的单位面积在单位时间内所受到的太阳辐射的全部总能量，称为太阳常数。太阳常数的常用单位为 W/m^2。因观测方法和技术不同，得到的太阳常数值不同。由于太阳辐射波长较地面和大气辐射波长（约 3～120 微米）小得多，所以，通常又称太阳辐射为短波辐射，称地面和大气辐射为长波辐射。太阳活动和日地距离的变化等会引起地球大气上界太阳辐射能量的变化。

太阳辐射通过大气，一部分到达地面，称为直接太阳辐射；另一部分被大气的分子、大气中的微尘、水汽等吸收、散射和反射。被散射的太阳辐射一部分返回宇宙空间，另一部分到达地面，到达地面的这部分称为散射太阳辐射。到达地面的散射太阳辐射和直接太阳辐射之和称为总辐射。太阳辐射通过大气后，其强度和光谱能量分布都发生变化。到达地面的太阳辐射能量比大气上界小得多，在太阳光谱上能量分布在紫外光谱区几乎绝迹，在可见光谱区减少至40%，而在红外光谱区增至60%。

在地球大气上界，北半球夏至时，日辐射总量最大，从极地到赤道分布比较均匀；冬至时，北半球日辐射总量最小，极圈内为零，南北差异最大。南半球情况相反。春分和秋分时，日辐射总量的分布与纬度的余弦成正比。南北回归线之间的地区，一年内日辐射总量有两次最大，年变化小。纬度愈高，日辐射总量变化愈大。

到达地表的全球年辐射总量的分布基本上呈带状，只有在低纬度地区受到破坏。在赤道地区，由于多云，年辐射总量并不最高。在南北半球的副热带高压带，特别是在大陆荒漠地区，年辐射总量较大，最大值在非洲东北部。

天文辐射与气候

太阳辐射是地球表层能量的主要来源。太阳辐射在大气上界的分布是由地球的天文位置决定的，称此为天文辐射。由天文辐射决定的气候称为天文气候。天文气候反映了全球气候的空间分布和时间变化的基本轮廓。

除太阳本身的变化外，天文辐射能量主要决定于日地距离、太阳高度角和昼长。

地球绕太阳公转的轨道为椭圆形，太阳位于两个焦点中的一个焦点上。因此，日地距离时刻在变化。每年1月2日至5日经过近日点，7月3日至4日经过远日点。地球上接受到的太阳辐射的强弱与日地距离的平方成反比。

太阳光线与地平面的夹角称为太阳高度角，它有日变化和年变化。太阳高度角大，则太阳辐射强。

白昼长度指从日出到日落之间的时间长度。赤道上四季白昼长度均为12

小时，赤道以外昼长四季有变化，纬度 40° 的春、秋分日昼长 12 小时，夏至和冬至日昼长分别为 14 小时 51 分和 9 小时 09 分，到纬度 66°33′ 出现极昼和极夜现象。南北半球的冬夏季节时间正好相反。

天文辐射的时空变化特点是：全年以赤道获得的辐射最多，极地最少。这种热量不均匀分布，必然导致地表各纬度的气温产生差异，在地球表面出现热带、温带和寒带气候；天文辐射夏大冬小，它导致夏季温高冬季温低。

大气对太阳辐射的削弱作用包括大气对太阳辐射的吸收、散射和反射。太阳辐射经过整层大气时，0.29 微米以下的紫外线几乎全部被吸收，在可见光区大气吸收很少。在红外区有很强的吸收带。大气中吸收太阳辐射的物质主要有氧、臭氧、水汽和液态水，其次有二氧化碳、甲烷、一氧化二氮和尘埃等。云层能强烈吸收和散射太阳辐射，同时还强烈吸收地面反射的太阳辐射。云的平均反射率为 0.50 ~ 0.55。

经过大气削弱之后到达地面的太阳直接辐射和散射辐射之和称为太阳总辐射。就全球平均而言，太阳总辐射只占到达大气上界太阳辐射的 45%。总辐射量随纬度升高而减小，随高度升高而增大。一天内中午前后最大，夜间为 0；一年内夏大冬小。

太阳辐射能在可见光线、红外线和紫外线分别占 50%、43% 和 7%，即集中于短波波段，故将太阳辐射称为短波辐射。

太阳辐射是地球上的能量源泉，大气中发生的一切现象和过程，都与大气辐射能及其转化密切相关。太阳辐射要通过厚厚的大气才能到达地面，这样太阳辐射在地球表面和大气之间就进行着一系列的能量转换，从而形成地球表面复杂的大气热力状况，维持着地球表面的热量平衡。

大气对太阳辐射具有削弱作用

夏季，有云的白天气温不会太高；农民用人造烟幕在晚秋或寒冬防御霜冻等等。地球上这些与人类生活和生产密切相关的大气现象，都与大气的热力作用有关。大气对太阳辐射具有削弱作用：

（1）吸收作用：太阳辐射到达大气上界，平流层中臭氧主要吸收紫外线，对流层中的水汽和二氧化碳等主要吸收波长较长的红外线，但对占太阳辐射总能量 50% 的可见光却吸收很少，由此可见，大气直接吸收的太阳辐射能量很少，大部分可见光能够透过大气到达地面上来。从中可看出，大气对太阳辐射的吸收有选择性。

（2）反射作用：大气中的云层和尘埃，具有反光镜的作用，可以把投射其上的太阳辐射的一部分，又反射回宇宙空间。大气对太阳辐射的反射无选择性，任何波长都反射，所以，反射光呈白色云层越厚，表面越大，也就是云量越多，反射越强。这也就是夏季多云，白天的气温不会太高的原因。杂质颗粒越大，反射能力越强。

（3）散射作用：具有一定的选择性。为什么晴朗的天空呈蔚蓝色？在教室里即使照不到阳光的地方也能比较光亮，这是何故呢？以上这两种现象都与大气的散射作用有关。但具体情况不同。当太阳辐射在大气中遇到空气分子或微小尘埃时，太阳辐射中的一部分便以这些质点为中心向四面八方散射开来，改变了太阳辐射的方向，从而一部分太阳辐射不能到达地面。这种散射作用是有选择性的，波长愈短的光，越易被散射。在可见光中，蓝紫光波长最短，散射能力最强，所以，在晴朗的天空，特别是雨过天晴时，天空呈蔚蓝色。而另一种情况的散射作用的质点是颗粒较大的尘埃、雾粒、小水滴等，它们的散射无选择性，各种波长都散射，所以阴天天空呈灰白色。这种情况有日出前的黎明、日落后的黄昏等等。空气质点愈大，其散射能力越大。

三种削弱作用都能削弱到达地面的太阳辐射，其中最显著的是反射作用。

太阳辐射被削弱的主要是波长较长的红外线和波长较短的紫外线及可见光的蓝光部分，而能量占大多数的可见光绝大部分能够透过大气层而到达地面，很显然，地表获得的太阳辐射比大气得到的多。大气对太阳辐射的削弱作用因纬度不同而有所差异，这主要跟太阳高度有关系。太阳高度与太阳辐射经过大气路程长短的关系为，太阳高度越大，太阳辐射经过的大气路程越短，被大气削弱得越少，到达地面的太阳辐射就越多；太阳高度越小，太阳辐射经过的大气路程越长，被大气削弱得越多，到达地面的太阳辐射就越少。

地面辐射

地球表面在吸收太阳辐射的同时，又将其中的大部分能量以辐射的方式传送给大气。地表面这种以其本身的热量日夜不停地向外放射辐射的方式，称为地面辐射。

由于地表温度比太阳低得多（地表面平均温度约为300K），因而，地面辐射的主要能量集中在1～30微米之间，其最大辐射的平均波长为10微米，属红外区间，与太阳短波辐射相比，称为地面长波辐射。

地面的辐射能力，主要决定于地面本身的温度。由于辐射能力随辐射体温度的增高而增强，所以，白天，地面温度较高，地面辐射较强；夜间，地面温度较低，地面辐射较弱。

地面的辐射是长波辐射，除部分透过大气奔向宇宙外，大部分被大气中水汽和二氧化碳所吸收，其中水汽对长波辐射的吸收更为显著。因此，大气，尤其是对流层中的大气，主要靠吸收地面辐射而增热。

大气吸收地面长波辐射的同时，又以辐射的方式向外放射能量。大气这种向外放射能量的方式，称为大气辐射。由于大气本身的温度也低，放射的辐射能的波长较长，故也称为大气长波辐射。

大气辐射的方向既有向上的，也有向下的。大气辐射中向下的那一部分，刚好和地面辐射的方向相反，所以称为大气逆辐射。大气逆辐射是地面获得热量的重要来源。由于大气逆辐射的存在，使地面实际损失的热量比地面以长波辐射放出的热量少一些，大气的这种保温作用称为大气的温室效应。这种大气的保温作用使近地表的气温提高了约18℃。月球则因为没有像地球这样的大气，因而，致使它表面的温度昼夜变化剧烈，白天表面温度可达127℃，夜间可降至－183℃。

地面和大气之间以长波辐射的方式进行着热量的交换，大气对地面起着保温作用。

知识点

地面有效辐射的强弱随地面温度、空气温度、空气湿度及云况而变化。

（1）根据辐射强度的关系，地面温度增高时，地面辐射增强，如其他条件（温度、云况等）不变，则地面有效辐射增大。

（2）空气温度高时，大气逆辐射增强，如其他条件不变，则地面有效辐射减小。

（3）空气中含有水汽和水汽凝结物较多，则因水汽放射长波辐射的能力比较强，使大气逆辐射增强，从而也使地面有效辐射减弱。

（4）天空中有云，特别是有浓密的低云存在，大气逆辐射更强，使地面有效辐射减弱得更多。所以，有云的夜晚通常要比无云的夜晚暖和一些。云被的这种作用，我们也称之为云被的保温效应。

延伸阅读

极昼极夜：极圈内特有的自然现象。所谓极昼，就是太阳永不落，天空总是亮的，这种现象也叫白夜；所谓极夜，就是与极昼相反，太阳总不出来，天空总是黑的。在南极洲的高纬度地区，那里没有"日出而作，日入而息"的生活节律，没有一天 24 小时的昼夜更替。

汽车尾气的"贡献"

汽车污染已成为世界性公害

交通系统消耗了全球约 1/3 的能源。以石油产品为燃料的汽车是最主要的现代交通运输工具，它给人们带来方便和快捷的同时，也带来了无法回避的环境问题。根据 20 世纪七八十年代美国、日本对城市空气污染源的调查，城市空气中 90% 以上的一氧化碳、60% 以上的碳氢化合物和 30% 以上的氮氧化物来自汽车排放。这些污浊的气体使人类的生存环境受到极大威胁。汽车污染已成为世界性公害，其对于温室气体浓度增加的"贡献"不容忽视。

汽车尾气的排放

汽车的内燃机实际上是一座小型化工厂，消耗大量石油资源。汽油燃爆后产生驱车动力，同时也产生了许多复杂的化学反应，排放出大量温室气体，加剧了温室效应。

汽车每燃烧 1 千克汽油排出 3.08 千克的二氧化碳。当二氧化碳含量升高时，会增强大气对太阳光中红外线辐射的吸收，阻止地球表面的热量向外散发，使地球表面的平均气温上升。这就是所谓的温室效应。

汽油燃烧破坏大气层

汽车排放造成的大气污染还会破坏臭氧层，而臭氧损耗与气候变化通过某些过程相互联系。一些专家认为，臭氧层的破坏造成太阳辐射过强，也会导致高温天气。

此外，汽油燃烧释放出的二氧化硫和氮氧化物在大气中分别转化成硫酸和硝酸，导致酸雨。酸雨不仅增加土壤酸度、破坏生态系统的平衡，而且还腐蚀建筑材料、金属构件和油漆等等，使建筑物、公路以及名胜古迹遭受损害。欧洲经济委员会的报告书称，因酸雨危害造成的经济损失额相当于全世界每人损失 2～10 美元。

大气环境是人类赖以生存的可贵资源，因此，减少温室气体排放、防止全球气候变暖是世界各国共同关注的问题。因此，各国不断颁布日益严格的汽车排放法规，提高汽车废气的排放标准。

知识点

太阳光谱中，红光的外侧必定存在看不见的光线，这就是红外线。在光谱中波长自 0.76 至 400 微米的一段称为红外线，红外线是不可见光线。所有高于绝对零度（−273.15℃）的物质都可以产生红外线。现代物理学称之为热射线。医用红外线可分为两类：近红外线与远红外线。

延伸阅读

酸雨正式的名称是为酸性沉降，它可分为"湿沉降"与"干沉降"两大类，前者指的是所有气状污染物或粒状污染物，随着雨、雪、雾或雹等降水形态而落到地面者；后者则是指在不下雨的日子，从空中降下来的落尘所带的酸性物质而言。

WEIXIAN DE QIHOU WENSHI XIAOYING

高空污染增加温室气体

飞机飞行导致高空废气剧增

经常乘坐飞机的人或许不知道，这种交通工具在为人们带来便利的同时，也给地球造成严重的伤害。长期以来，科学家们一直认为燃烧煤和天然气时产生的温室气体是造成气候变暖的元凶。英国约克大学斯托格尔摩研究所近日发表的一项研究报告指出，航空业是导致气候变暖的又一罪魁祸首。他们预测，到2050年，全球气候变化中有高达15%的部分，是由航空旅行造成的。

飞机越来越多，高空废气剧增。这些废气污染了环境，加速了地球的变暖，破坏了臭氧层。飞机每年要在大气层中排放大约3亿吨温室气体，造成的温室效应大约是地面等量废气的3倍。英国"地球之友"组织的统计数据也显示，一架大型喷气式客机在欧洲和美国之间往返一趟所排放的二氧化碳相当于一辆汽车全年的废气排放量。

飞机废气导致地球表面变暖

过去，人们曾经认为，只有超音速飞机才会对环境有影响。然而据英国地球资源研究所的报告说，普通飞机排出的废气，如二氧化碳，也会严重污染大气层。这种气体不但会加强温室效应，而且还会加快臭氧层的减少。飞机发动机所产生的水汽在高空冻结，从而使高空卷云增加。这种卷云量增加2%，地球温度将上升1℃。

飞机引擎喷出的烟雾和汽车排出的废气含有同类的有害气体，主要是二氧化碳和氧化氮。由于高空空气稀薄，它的效应扩大了许多倍。飞机喷出的氧化氮在臭氧层中游荡，在那里固定住热量，产生温室效应。越接近地面这些气体越可能被雨水冲散在空气中，但飞机一般在云层以上飞行，喷发出的废气飘浮在大气层中。科学家估计，飞机喷出的废气对地球表面变暖的影响可能占40%～50%之间。

科学家证实飞机废气的严重危害

英国的一项研究表明，当飞机飞行到北纬45°时，它所释放的氧化氮有可能使低空对流层臭氧的密度从1%增加到15%。法国和德国科学家在格陵兰和巴塔戈尼亚之间的1万米高空进行测试表明，高空中氮气和臭氧的密度比以前大50倍。德国一个研究小组证实，新一代超音速运输机会对北半球的臭氧层产生极大破坏。高空的臭氧层是人类和生物的保护伞，而低空中臭氧密度增大，则是有害的。德国上空飞机每年平均要烧掉的280万吨燃料，同时向大气层排放9万多吨有害物质。

英国牛津郡哈维尔实验室的科学家用电脑模拟试验，通过对比得出结论：飞机排放的废气氧化氮对全球变暖的作用，是地面上汽车、工厂和家庭排放氧化氮的30倍。而且高空对流层的臭氧具有腐蚀性和毒性，飞机废气的增加，对人畜和植物都有极大的危害。有报道说，大气层中的污染物还会对飞机造成损坏。飞机外壳目前所受到的损坏是前所未有的。飞机窗户板过去能用5年，现在几个月就不行了。飞机外层漆受损情况也很严重，一些飞机不得不重新上漆。为更换窗户板，某航空公司一年就需增加投资300多万马克。专家们认为，飞机受损是污染物同漆和塑料窗户板中的丙烯醛基发生化学反应造成的。经分析，污染物中有硫化物和有机物质等。

瑞典已开始征收"天空税"，理由是飞机释放的废气增加了大气的污染。这种措施可产生重大效益。瑞典最大的一家国内航空公司林吉弗华公司立即开动脑筋，革新了自己的飞机引擎，使其释放出的碳氢化合物减少了90%，并在飞机、机场、候机大楼里改进抗污染设施。瑞典专家估计，到21世纪末瑞典天空将因此减少500～1 000吨的二氧化碳，约占排放总量的10%～20%。瑞典是世界上第一个征此项环境税的国家，还有些国家也拟采取类似措施。

科学家们还发现，考察臭氧层的航天飞机也在破坏臭氧层。航天飞机助推火箭加速器使用的固体燃料中的关键物质，就是破坏臭氧层的过氯酸铵。无论是美国国家航空航天局的航天飞机，还是国防部的"大力神－4"运载火箭，都是借助这种燃料的加速器进入轨道的。

冲刷水是航天发射中又一污染源。用水来冲刷反射坑中助推火箭排出的高浓度酸性水蒸气，散落到地面，各种生物均遭殃。氧化铝以微尘形式出现，但在空气中最后会有相当部分转化为氯化铝，对人畜健康带来危害。

高空中的污染已成为我们所面临的又一环境问题。

知识点

　　航天器发射带来的主要影响是破坏臭氧层。根据精确计算，每次发射航天器时，都会在臭氧层内散布 6 万千克的氯化氢和将近 11 万千克的氯化铝。当氯化氢遇到游离在自然界中的氢氧基时，会产生自由氯原子，这是破坏臭氧层的媒介。而氯化铝也是破坏大气臭氧层的帮凶。氧化铝粒子是很好的冰晶晶核，它的形成厚度大于几百英尺，飘浮在 20 多千米高的空中，它将化合物聚集一起，并引进一个释放氯的反应中去。假如没有冰晶的存在，起分解臭氧作用的氯原子，实际上如同处于被封闭在无害的"容器"中一样。

延伸阅读

　　针对飞机废气的危害采取措施：面对飞机对臭氧层的破坏，科学家认为：一要禁止用氟氯烃作飞机燃料，因为它比一般航空燃料对臭氧层具有更大的破坏作用。二是对超音速飞机的研制采取谨慎的态度，如 1971 年，美国波音公司准备生产 220 架超音速飞机，希望得到政府投资，但政府有关部门提出了高空飞行对臭氧层有破坏性影响，从而否决了波音公司的提案，致使美国至今未生产过一架超音速旅客机。

森林消失气候失调

雨林的强大调节作用

　　造成温室效应，使得空气中二氧化碳过度增加的原因是人口急剧增加，工业迅速增长，再有就是森林过度砍伐。森林砍伐断送了人类的氧气仓库，森林能吸收二氧化碳并通过光合作用呼出氧气，人类无休止地砍伐森林，结果是搬起石头砸自己的脚。

　　人类活动和大自然还排放其他温室气体，它们是：氯氟烃（CFC）、甲烷、低空臭氧和氮氧化物气体，地球上可以吸收大量二氧化碳的是海洋中的浮游生物和陆地上的森林，尤其是热带雨林。

雨林是地球上巨大的有机碳库，原始森林和森林里的土壤都是巨大的碳存储地。它们共存有 3 000 亿吨的碳——是每年通过燃烧化石燃料和生产水泥所释放到大气中的碳的 25 倍。每年森林和海洋要吸收 48 亿吨二氧化碳，固碳能力是全球森林系统的 2/3，相当于由森林破坏而造成的温室气体排放占到了总排放量的近 1/5。

热带雨林的消失

今天在地球上广大的地区，特别是南美洲的亚马孙河流域仍然覆盖着一望无际的大片热带雨林。但是和 8 000 年前相比，全球森林的面积足足减少了 80%。就是说每 2 秒钟，就有一片足球场大小的森林从地球上消失。很多地方的热带雨林变成了小块片段甚至消失殆尽。

1492 年 10 月 28 日，哥伦布第一次对热带雨林进行记录和描述，他将西印度群岛的热带雨林称为"茂密的丛林"和"伊甸园"。

在历史上，热带雨林有 2 450 万平方千米的面积，主要位于南北回归线内。1900 年以来，特别是二战后雨林减少的速度在加剧，现已失去 59% 以上的原有雨林，幸存面积为 1 001 万平方千米，覆盖了陆地总面积的 6%～7%，主要存在于 3 个区域：美洲、非洲、亚洲，其中最大的一块为美洲的亚马孙雨林，还有两块比较大的区域是：非洲的刚果雨林和亚太地区的天堂雨林。

全球热带雨林以每年 120 425 平方千米的速度在减少。这相当于一个尼泊尔的面积。在过去的 20 年间，仅亚马孙雨林就以每年 29 000 平方千米的速度减少。按照这样的趋势，地球上的热带雨林再过几十年就会消失。雨林面积减少的同时，破碎化趋势十分明显，其特征是森林变得条块分割、没有连贯性，尤其在亚洲雨林区，如印尼、马来西亚、菲律宾的雨林已经

热带雨林

变得支离破碎。破碎后的森林像海洋中的一个个"岛屿"，被周围的农用地或经济种植园所隔离，使其内物种基因得不到有效交流，进而大大降低了保护

的有效性。

除了气候对雨林造成的影响之外，人类的行为也对雨林产生着影响。当人类在吃汉堡和喝咖啡的时候，会想到这样的行为和雨林的消失有什么关系吗？如果答案是吃快餐会毁掉亚马孙，你会大吃一惊吗？然而事实正是这样的。

雨林消失很大程度上是人类活动引起的。非法砍伐、焚烧改成农牧场，以及伐木作成各种家具原料，同时因为开路或盖水力发电厂等建设，往往也砍掉大面积的雨林。

最可惜的是许多雨林被烧掉改成牧场，只是为了养牛做成汉堡肉，偏偏雨林砍掉后的牧草平均一公顷养不了一头牛，这个牧场就会废掉，之后农人会再焚烧新的雨林，可是被废弃的牧场要恢复成原先的热带雨林，估计要400年以上的时间。

有的地方砍掉雨林，种上咖啡或者橡胶等人工林，同样给雨林造成了严重破坏。这些情况在世界三大雨林：亚马孙雨林、刚果雨林和天堂雨林，以及我国的西双版纳雨林都有不同程度的发生。

亚马孙热带雨林遭到破坏

亚马孙雨林是地球上最大的热带雨林，其面积相当于美国的国土面积。它的主要部分在巴西境内，是世界最大的热带雨林区，森林面积为3亿公顷，占世界现存热带雨林的1/3，其中87%在巴西境内。

然而，毫无节制的开发已对当地的自然环境造成了极大破坏。

巴西境内生产的80%的木材都来源于非法采伐。近年来，巴西的企业和农场主因为受大豆出口利益的驱使而将大面积的热带雨林焚烧开垦为农田，更加速了对亚马孙雨林的破坏。大豆是巴西在亚马孙的一种主要的作物，就像附近的疏林草地生态系统。如今大豆的发展非常迅速，从1998年到2007年，巴西增加了200万公顷的大豆种植面积，美国的公司也在积极扩大他们与巴西农业部门的联系，巴西将会取代美国成为世界上最大的大豆出口国，不惜牺牲亚马孙流域的森林资源。

用雨林的土地去种植农业证明是失败的，因为这些森林的酸性土壤营养不足。但是，仍然有许多的经济型农业项目在雨林土地上种植，这些土地在耗竭之后会转变成养牛牧场。

1996年至2006年间巴西亚马孙热带雨林约有80%遭到砍伐变成牧牛场。一项名为《亚马孙的牛蹄印——马托格罗索州的毁灭》的报告证实了牧牛业是导致世界最大雨林遭砍伐的首要原因。环保组织在报告中称巴西是世界第四大气候污染国。报告称森林滥伐和土地利用变迁已占巴西全国温室气体排放的 75%。其中有 59% 的温室气体排放来自森林覆盖减少和亚马孙地区的烧毁森林行为。

受破坏的雨林

巴西是世界上最大的牛肉出口国。马托格罗索州的亚马孙区域拥有该国最大的牛群，同时自 1988 年以来其森林平均砍伐率也最高。仅在过去的 10 年内就有面积相当于冰岛国土的 1 000 多万公顷被开垦为牧牛场。巴西政府的目标是通过低息贷款，扩大基础建设和其他经济刺激手段，将本国牛肉出口市场份额到 2018 年翻一番，增幅为 60%。

根据巴西国家地理统计局的数据显示，亚马孙地区每年遭到破坏的雨林面积达 2.3 万平方千米。在过去 30 年中，这一世界上最大的雨林区的 1/6 已遭到严重破坏。巴西的森林面积同 400 年前相比，整整减少了一半。

巴西政府的努力

滥伐亚马孙的森林，并没有给巴西人带来更多的财富。他们只是填饱了肚子，带来的却是对大自然永远的创伤和难以弥补的伤害。森林的过度砍伐使得土壤侵蚀、土质沙化，水土流失严重。巴西东北部帕拉州、阿玛帕州的一些地区由于林木被砍伐，生态被破坏，而变成了巴西最干旱、最贫穷的地方。

对此，巴西政府愈来愈清醒地认识到问题的严重性，先后制定了多项环保政策，采取多种措施加强对林区环境的保护与监测。1991 年至 2002 年，政府为保护亚马孙地区生态和自然资源，累计投资近 1 000 亿美元。

企业方面，快餐巨无霸麦当劳也就保护亚马孙森林行动做出承诺：停止出售由特定来源的大豆喂养的鸡类食品，此类大豆的大面积种植，给亚马孙森林带来了严重破坏。

森林破坏不可逆转地把森林储存的碳以二氧化碳的形式释放到大气中。森林破坏造成的温室气体排放，占排放总量的 20%，已经超过了全球交通系统所造成的排放。全球森林破坏导致了世界 1/5 的二氧化碳排放，而停止森林破坏是人类应对温室效应最便宜便捷的方式之一。

知识点

刚果雨林：非洲刚果盆地热带雨林的面积仅次于南美洲亚马孙盆地热带雨林，有"地球第二肺"之称，它的一半以上 热带雨林位于中部非洲国家刚果（金）境内。刚果（金）国土面积达 230 多万平方千米，其中 54% 被森林覆盖。刚果（金）盛产乌木、红木、灰木、花梨木、黄漆木等 25 种贵重木材。但联合国粮农组织的调查显示，这个热带雨林的面积正在以每年 3 190 平方千米的速度减少。和很多国家不同，刚果（金）森林遭到破坏并非因过度采伐，而是战乱。

延伸阅读

光合作用，即光能合成作用，是植物、藻类和某些细菌，在可见光的照射下，经过光反应和碳反应，利用光合色素，将二氧化碳（或硫化氢）和水转化为有机物，并释放出氧气（或氢气）的生化过程。光合作用是一系列复杂的代谢反应的总和，是生物界赖以生存的基础，也是地球碳氧循环的重要媒介。

温室气体加重温室效应

二氧化碳的排放

1980 年全球二氧化碳排放量约为 50 亿吨，之后持续增加，到 2004 年已超过 73 亿吨。除发展中国家人口增加和经济增长外，越来越多的国家为维持一定规模的经济产值而加大了温室气体排放量。

世界权威机构公布了一项研究也显示，2000 年至 2004 年期间，全球二氧化碳排放量每年增加 3.2%，大幅超过了 1990 年至 1999 年年均 1.1% 的增长率。

日本的《自然科学》杂志网络版在 2009 年 11 月刊载了日本国立环境研究所全球碳项目国际研究室发表的一份报告。这个报告指出了 2008 年人类活动引起的二氧化碳排放量比 2007 年增加了 2%，平均每个人排放量达到 1.3 吨，创下了历史的新发纪录。

这份报告中称来自能源的二氧化碳排放量比 1990 年增加 41%，接近政府间气候变化专门委员会做出的最坏预测。

　　每年排放的二氧化碳中，残存于大气中的比例平均为45%，其余的被森林等吸收。但研究发现在过去50年中，大气中的二氧化碳产存量有所增加，原因可能是受二氧化碳排放量增加及全球变暖的影响，森林等的吸收量出现了下降。联合国环境规划署在2007年指出，全球每年因泥炭地遭破坏而产生的二氧化碳排放量超过30亿吨，相当于燃烧化石燃料所排放的二氧化碳总量的10%，因此，保护泥炭地是减缓气候变化效果最显著的方式之一。

　　在2009年6月美国政府发表了预测，预测表示2005年至2030年间，世界二氧化碳排放量上涨将超过50%，达到每年420多亿吨。研究组警告说，二氧化碳排放量的增加速度已超过政府间气候变化专门委员会的预测，将进一步对全球气候产生巨大影响。

甲烷的排放

　　甲烷的排放，除了来自大自然，如海洋、永冻层和一些湿地外，也来自人为的污染。人为所产生的甲烷是其中一个最大的排放源，尤其是来自生质燃烧（意指在开垦土地或改变土地用途时燃烧土地上的草木）和畜牧业。能源产业所排放的甲烷，包括煤矿业、炼油业、管路渗漏等，都能透过技术的改进使其降至最低。但正如最近加州大学柏克莱分校"全球环境健康"教授寇克·史密斯博士所言，畜牧业才是最严重的人为甲烷排放源。他说："我们所有吃肉的人，还有我必须指出，包括那些喝牛奶的人，都难辞其咎。"但值得庆幸的是，我们每个人现在都能尽一份心力，藉由减少吃肉和奶制品来降低甲烷在大气中的含量。针对这点，史密斯教授直言不讳地证实道："即刻见效的方法就是少吃肉。"

氟的污染

　　氟的污染源多与人类经济活动的"三废"排放有关：

　　废气排放污染。氟易挥发。金属冶炼、水力发电、建筑材料与陶瓷的焙制，含氟药物生产等含氟原料与燃料都会在燃烧和加热过程中，释放氟及氟化物并随蒸气、烟尘进入大气。据估算，生产1吨水泥，就有142克氟化氢、氟化硅和包裹在烟尘和粉尘中的"尘氟"进入大气环境。

　　原料废渣堆放污染。许多物质中都不同程度含有氟，如工业矿石（萤石、电气石、矿渣、泥质岩等）。氟露天堆放，除少部分经挥发进入大气外，主要是经雨水淋溶下渗，直接污染土壤和水源。

废水污染。含氟废水未经处理而又不合理排放，造成地表水地下水体的污染。含氟废气、烟尘等也能通过雨雪降落地面而污染土壤与水源。

盲目开采高氟地下水或成井工艺不佳，也可造成低氟地下水受到氟污染。上述新疆北部地区有的垦区就是因开采高氟的深层承压水灌溉，提高了土壤及浅层地下水的氟含量，因而污染了地下水的自然环境。

随着科学技术的发展，防治氟污染的研究领域更加广阔。一般而言，一是要认真贯彻执行《环境保护法》《工业"三废"排放标准》及有关规定；二是合理规划与调整工业结构和工业布局；三是淘汰一些氟污染严重的小土工业、改进生产工艺，不使用高氟原材料，安装高效除尘脱氟装置（如采用喷淋吸收法，用水溶液吸收氟气以及用石灰乳中和氟化物等）；四是在地下矿产资源和水资源开发利用之前，做好前期论证工作，制订出有效的措施，切实保护好生态环境。

基础设施建设对气候影响

基础设施建设也能对气候的变化产生影响。公共电力、电信、卫生设施、排污管网、城市污水处理厂、垃圾处理、管道煤气，公路、大坝、灌溉工程、铁路、城市交通、机场等都属于基础设施。

煤气管道

发达国家的基础设施体系已相对完善，维护这些设施，对能源和原材料的需求非常有限，因而不会对气候产生很大影响。而我国正在建立基础设施体系，需要消费大量能源与高能耗、高碳密度原材料，包括钢材、水泥等。一旦基础设施建好了，就能提高物流效率和利用效率，减少能源损失浪费。例如，当天然气管网体系建立起来后，不但输送与分配效率增高、成本降低，而且可以替代电力、煤炭等燃料。又例如，高速公路的建成可以大大提高物流效率。

由此可见，基础设施建设与能源消费有很大关系。虽然建设过程中会增加能源消费与碳排放，但建设好以后就会大大减少能源消耗。

知识点

化石燃料亦称矿石燃料，是一种碳氢化合物或其衍生物，其包括的天然资源为煤炭、石油和天然气等。化石燃料的运用能使工业大规模发展，而替代水车。当发电的时候，在燃烧化石燃料的过程中会产生能量，从而推动涡轮机产生动力。旧式的发电机是使用蒸汽来推动涡轮机的。现时，很多发电站都已采用燃气涡轮引擎，那是利用燃气直接来推动涡轮机的。

延伸阅读

氟化硅学名四氟化硅，用于氟硅酸及氟化铅的制取，也用作水泥和人造大理石的硬化剂，有机硅化合物的合成材料。它对眼、皮肤、黏膜和呼吸道有严重损害，局部腐蚀作用强，严重中毒者可致肺炎、肺水肿。其不燃，有毒，具腐蚀性、刺激性，可致人体灼伤。在潮湿空气中产生白色有腐蚀性和刺激性的氟化氢烟雾，遇水缓慢水解为硅酸及氟化氢。

碳粒粉尘新锐之说

温室气体主要是碳粒粉尘等

自 1975 年以来，地球表面的平均温度已经上升了 0.9 华氏度，由温室效应导致的全球变暖已成了引起世人关注的焦点问题。学术界一直被公认的学说认为由于燃烧煤、石油、天然气等产生的二氧化碳是导致全球变暖的罪魁祸首。然而经过几十年的观察研究，来自美国空间研究所的詹姆斯·汉森博士提出新观点，认为温室气体主要不是二氧化碳，而是碳粒粉尘等物质。

碳粒粉尘是何物

碳粒粉尘是一种固体颗粒状物质，主要是由于燃烧煤和柴油等高碳量的燃料时碳利用率太低而造成的，它不仅浪费资源，更引起了环境的污染。众多的碳粒聚集在对流层中导致了云的堆积，而云的堆积便是温室效应的开始，因为 40% ~90% 的地面热量来自由云层所产生的大气逆辐射，云层越厚，热量越是不能向外扩散，地球也就越裹越热了。

汉森博士对于各种温室气体的含量变化都做了整理记录，发现在 1950 至 1970 年间，二氧化碳的含量增长了近两倍，而从 70 年代到 90 年代后期，二氧化碳含量则有所减少。用目前流行的理论很难解释仍在恶化的全球变暖的现象。

除碳粒粉尘外的温室气体

汉森博士认为，除了碳粒粉尘以外，还有一些气体物质能导致温室效应，如对流层中的臭氧（正常的臭氧应集中在平流层中）、甲烷，还有剧毒无比的氯氟烃。但这些污染源的治理就相对困难些了。可喜的是，近几十年来非二氧化碳的温室气体含量已经有了一定的下降，如若甲烷和对流层中的臭氧含量也能逐年下降趋势，那么再过 50 年，地球表面平均温度的变化将近乎零。

碳粒粉尘并不是不可避免的东西，随着内燃机品质的不断提高，甚或不使用内燃机的交通工具的问世，不能烧尽而剩余的碳粒是可以减少的。若汉森博士的学说能够成立，则给地球带来了降温的新希望，但愿地球早日退烧。

知识点

对流层：对流层位于大气的最低层，集中了约 75% 的大气质量和 90% 以上的水汽质量。其下界与地面相接，上界高度随地理纬度和季节而变化。在低纬度地区平均高度为 17 ~18 千米，在中纬度地区平均为 10 ~12 千米，极地平均为 8 ~9 千米，并且夏季高于冬季。对流层从地球表面开始向高空伸展，直至对流层顶，即平流层的起点为止。

延伸阅读

华氏度是以其发明者德国人 Gabriel D. Fahrenheit（华伦海，1681—1736）命名的，其结冰点是 32°F。沸点为 212°F。他发现液体金属水银比酒精更适宜制造温度计，于是发明了水银温度计。当大气压为 1.01×10^5 Pa 时，把水的冰点设为 32°F，把水沸点设为 212°F，把 32°F 到 212°F 之间平均分成 180 等份，每等份为 1°F。

温室效应与相关气体
WENSHI XIAOYING YU XIANGGUAN QITI

人类近代历史上的温室效应，与过去相比特别显著。之所以如此，是由于工业革命以来，人类燃烧化石燃料而使二氧化碳含量急剧增加，近10年来增加将近30%。

然而，许多人还不曾知道，在加剧地球温室效应方面，二氧化碳还有一支由许多气体组成的强大同盟军，它们正以极快的速度在大气中积累，并在加剧温室效应的步伐，从而加快了对地球气候的影响。

这支队伍是由甲烷、氟氯烃、氧化亚氮、三氯乙烷、四氯化碳等多种气体组成的。由于它们在大气中的浓度很低，故这类气体又被称为"微量气体"。尽管它们的量是如此微小，但在加剧温室效应方面所起的作用却是不可低估的。

温室气体的增加，加强了温室效应，是造成全球暖化的主要原因，已成为世界各国家的共识，也是一种全球性的污染。

充分认识二氧化碳

二氧化碳的用处

二氧化碳在常温常压下为无色而略带刺鼻气味和微酸味的气体。分子式为 CO_2。

17世纪初，比利时化学家范·海尔蒙特在检测木炭燃烧和发酵过程的副产气时，发现了二氧化碳。1773年，拉瓦锡把碳放在氧气中加热，得到被他称为"碳酸"的二氧化碳气体，测出质量组成为碳23.5%～28.9%，氧71.1%～76.5%。1823年，迈克尔·法拉第发现，加压可以使二氧化碳气体液化。1835年，制得固态二氧化碳（干冰）。1884年，在德国建成第一家生产液态二氧化碳的工厂。

在自然界中二氧化碳含量丰富，为大气组成的一部分。二氧化碳也包含在某些天然气或油田伴生气中以及碳酸盐形成的矿石中。大气里含二氧化碳为0.03%～0.04%（体积比），总量约$2.75×10^{12}$吨，主要由含碳物质燃烧和动物的新陈代谢产生。在国民经济各部门，二氧化碳有着十分广泛的用途。二氧化碳产品主要是从合成氨制氢气过程气、发酵气、石灰窑气、酸中和气、乙烯氧化副反应气和烟道气等气体中提取和回收，目前，商用产品的纯度不低于99%（体积）。

二氧化碳可以防止地表热量辐射到太空中，具有调节地球气温的功能。如果没有二氧化碳，地球的年平均气温会比目前降低20℃。但是，二氧化碳含量过高，就会使地球温度逐步升高，形成"温室效应"。

二氧化碳也是一切绿色生物赖以生存的物质

人每天都要通过吸进氧气、呼出二氧化碳来维持生命。同时，二氧化碳也是地球上一切绿色生物赖以生存的物质之一。

大气中的二氧化碳就像一层厚厚的玻璃，使地球变成了一个大暖房。据估计，如果没有大气，地表平均温度就会下降到 -18℃，而实际地表平均温度为15℃，这就是说温室效应使地表温度提高33℃。

空气中含有二氧化碳，而且在过去很长一段时期中，含量基本上保持恒定。这是由于大气中的二氧化碳始终处于"边增长、边消耗"的动态平衡状态。大气中的二氧化碳有80%来自人和动、植物的呼吸，20%来自燃料的燃烧。散布在大气中的二氧化碳有75%被海洋、湖泊、河流等地面的水及空中降水吸收溶解于水中。还有5%的二氧化碳通过植物光合作用，转化为有机物质贮藏起来。这就是多年来二氧化碳占空气成分0.03%（体积分数）始终保持不变的原因。

在空气中，氮和氧所占的比例是最高的，它们都可以透过可见光与红外辐射。但是二氧化碳就不行，它不能透过红外辐射。所以，二氧化碳可以防止地表热量辐射到太空中，具有调节地球气温的功能。如果没有二氧化碳，地球的年平均气温会比目前降低 20℃。但是，二氧化碳含量过高，就会使地球仿佛捂在一口锅里，温度逐渐升高，就形成"温室效应"。形成温室效应的气体，除二氧化碳外，还有其他气体。其中二氧化碳约占 75%、氯氟烷约占 15%～20%，此外还有甲烷、一氧化氮等 30 多种。

二氧化碳过量带来的危害

全世界 CO_2 排放的总量已超过 200 亿吨，其中汽车的排放量约占 10%～15%。

预算全球每年的二氧化碳排放量是一件非常复杂的工作，因为它是在大气、海洋和生物圈之间循环的。通过光合作用地球上的植物每年消耗 370Pg（$1P = 10^{15}$）的二氧化碳，但是动植物的呼吸过程以及它们尸体的腐化也会向大气中释放同等数量的二氧化碳。与此同时海洋每年也会吸收 370Pg 的二氧化碳并释放 382Pg 的二氧化碳。此外燃烧各种化石燃料会释放 18Pg，燃烧木材释放 7Pg 的二氧化碳。如此计算，大气层中每年都会增加 11Pg 的二氧化碳。据统计，工业革命之前大气层中的二氧化碳共有 290ppmv，而 1999 年就有 350ppmv，年增长率达到 0.3%～0.4%。而且由于二氧化碳是化学惰性的，不能通过光化学或化学作用去除。

科学家预测，今后大气中二氧化碳每增加 1 倍，全球平均气温将上升 1.5～4.5℃，而两极地区的气温升幅要比平均值高 3 倍左右。因此，气温升高不可避免地使极地冰层部分融解，引起海平面上升。海平面上升对人类社会的影响是十分严重的。如果海平面升高 1m，直接受影响的土地约 $5 \times 10^6 km^2$，人口约 10 亿，耕地约占世界耕地总量的 1/3。如果考虑到特大风暴潮和盐水侵入，沿海海拔 5m 以下地区都将受到影响，这些地区的人口和粮食产量约占世界的 1/2。一部分沿海城市可能要迁入内地，大部分沿海平原将发生盐渍化或沼泽化，不适于粮食生产。同时，对江河中下游地带也将造成灾害。当海水入侵后，会造成江水水位抬高，泥沙淤积加速，洪水威胁加剧，使江河下游的环境急剧恶化。温室效应和全球气候变暖已经引起了世界各国的普遍关注，目前正在推进制定国际气候变化公约，减少二氧化碳的排放已经成为人势所趋。

科学家预测，如果从现在开始有节制地对树木进行采伐，到 2050 年，全球暖化会降低 5%。

二氧化碳在新鲜空气中含量约为 0.03%。人生活在这个空间，不会受到危害，如果室内聚集着很多人，而且空气不流通，或者室内有煤气、液化石油气及煤火炉燃烧，使空气中氧气含量相对减少，产生大量二氧化碳，室内人员就会出现不同程度的中毒症状。关于二氧化碳在室内空气中最大允许含量，各国尚无统一规定，日本规定室内空气中二氧化碳含量为 0.15% 时为换气标准。

二氧化碳浓度和温度

自从 1958 年开始对大气进行测量以来，2007 年全球大气中二氧化碳和甲烷浓度急剧升高，其中二氧化碳浓度创下第三次新高。

2005 年的一项研究也表明，空气中的二氧化碳浓度已经达到了 65 万年的最高纪录。这一项研究结果有助于科学家更一步认识温室气体导致全球变暖的观点。2005 年科学家们直接测量空气中的二氧化碳和其他温室气体，其结果是：空气中的二氧化碳浓度已由两个世纪前的 280ppm 上升到今天 380ppm。而近几十年，地球的平均温度上升了 1 华氏度。许多科学家对此提出警告，称气候持续变暖可能会带来一些严重后果，比如海平面上升、降雨模式改变。

一个欧洲研究小组在分析了南极冰川内保存数万年的小气泡后指出，人类活动正导致温室气体数量急剧增加。

俄勒冈州立大学的地理学家认为，这一项重大发现有望极大提升人们对气候变化的认识。

有些人怀疑温室气体的增加只是一种自然的周期性波动。但这一项新的研究对这一说法提供了最有力的驳斥。

南极冰雪深处含有一些微小气泡，这是在几十万年前的降雪时形成的。科学家们提取这些空气就等于可以直接对过去的空气进行测量，从而确定空气自然波动的范围。

以前从冰核样本提取的最久远的空气是 44 万前年的。这次的样本更早，来自 65 万年前。研究小组的首席科学家、瑞典波尔尼大学的教授说，今天空气中的二氧化碳水平比过去几百万年中的最高值还要高出 27%。"目前的水平已经超出了波动范围值。不仅如此，其上升的速度也比历史上任何一个时间要快。"

研究人员还对南极过去 8 个冰期和暖期的气体水平进行了比较。他们发现了一个比较稳定的模式，即气体水平在冰期较低，在暖期则相对高一些。

专家指出，"退一步说，我们现在还找不到与目前气体水平相同的一段时期。但这些研究告诉我们，气温与温室气体之间紧密相联。可以推断，我们该考虑考虑未来的气候变化了。"

相关专家表示获取越长历史时期的温室气体浓度数据越有利于气候专家建立更优的模型，从而更好的预测未来气候的变化情况。同时可以帮助回答其他一些问题，如人类何时开始影响温室气体的增加，以及其他一些因素如洋流在气候变化中起什么样的作用等等。

全球大气中二氧化碳浓度是全球气候变化的主要驱动因

工业生产产生二氧化碳

素，根据联合国海洋与大气委员会 2008 年 4 月底发布的报告称，2007 年全球大气中二氧化碳的浓度增高了 0.6%，总量达到 190 亿吨。另外，在近 10 年保持基本稳定后，2007 年大气中甲烷的浓度也大幅升高，总量增加了 2 700 万吨。甲烷的温室效应比二氧化碳高出 25 倍之多，对气候总的影响为二氧化碳的近一半。联合国海洋与大气委员会发布的这些数据是在跟踪监测世界上 60 个主要国家和地区大气变化的基础上得出的。

二氧化碳与温室效应

近几十年来，随着化石燃料的大量使用，大气中二氧化碳平均浓度的上升速率不断加快，自 2000 年起年均增长 2 克/立方米以上，而 20 世纪 80 年代年均增长率为 1.5 克/立方米，20 世纪 60 年代年均增长率更是小于 1 克/立方米。

森林吸收人类制造的二氧化碳的能力正在下降。这意味着人类释放的二氧化碳会更多地对气候造成影响，而不是安全地被锁定在树木或土壤中。

联合国政府间气候变化问题研究小组已经得出结论，人类还有 8 年时间来避免全球变暖出现最恶劣的后果。

研究人员对分布在西伯利亚、阿拉斯加、加拿大和欧洲等北方地区的 30 多个监测点的数据进行了分析。这些数据最早的可追溯到 1980 年，记录了当地大气中的二氧化碳浓度：植物一方面在光合作用中吸收二氧化碳，同时植物和微生物又在呼吸作用中释放二氧化碳，这项数据是两方面综合作用后的结果。

　　研究人员特别关注了秋季森林对二氧化碳从净吸收变为净释放的日期。这个日期并没有像他们所预计的那样推后，却变得更早了——有些地点提前了几天，有些地点竟然提前了数周。赫尔辛基大学的学者说："这意味着可能出现更大的变暖效应。"

知识点

　　如果二氧化碳含量比现在增加1倍，全球气温将升高3℃~5℃，两极地区可能升高10℃，气候将明显变暖。气温升高，将导致某些地区雨量增加，某些地区出现干旱，飓风力量增强，出现频率也将提高，自然灾害加剧。更令人担忧的是，由于气温升高，将使两极地区冰川融化，海平面升高，许多沿海城市、岛屿或低洼地区将面临海水上涨的威胁，甚至被海水吞没。

延伸阅读

　　生物圈是指地球上凡是出现并感受到生命活动影响的地区。是地表有机体包括微生物及其自下而上环境的总称，是行星地球特有的圈层。它也是人类诞生和生存的空间。生物圈是地球上最大的生态系统。

地球的保护膜臭氧

大气中的微量气体：臭氧

　　臭氧是大气中的微量气体，是一种具有微腥臭、刺激性、浅蓝色的气体，主要密集在离地面20~25千米的平流层内，科学家称之为臭氧层。臭氧层好比是地球的"保护伞"，阻挡了太阳99%的紫外线辐射，保护地球上的生灵万物。

　　臭氧分子式为O_3，是氧气的同素异形体，在常温下，它是一种有特殊臭味的淡蓝色气体。它是氧元素的一种形式，它的每个分子均含 3 个原子，正常的氧分子则含 2 个原子。臭氧在平流层通过一个称之为光解过程的太阳辐射对氧分子的作用而形成。氧分子分裂形成氧原子，随后氧原子与氧分子结合产生臭氧。

臭氧主要存在于距地球表面 20 千米的同温层下部的臭氧层中，含量约 50ppm。它吸收对人体有害的短波紫外线，防止其到达地球。在大气层中，氧分子因高能量的辐射而分解为氧原子，而氧原子与另一氧分子结合，即生成臭氧。臭氧又会与氧原子、氯或其他游离性物质反应而分解消失，由于这种反复不断的生成和消失，乃能使臭氧含量维持在一定的均衡状态，而大气中约有 90% 的臭氧存在于离地面 15～50 千米之间的区域，也就是平流层，在平流层的较低层，即离地面 20～30 千米处，为臭氧浓度最高之区域，是为臭氧层，臭氧层具有吸收太阳光中大部分的紫外线，以屏蔽地球表面生物，不受紫外线侵害之功能。

1785 年，德国人在使用电机时，发现在电机放电时产生一种异味。1840 年法国科学家克里斯蒂安·弗雷德日将它确定为臭氧。

臭氧的性质

臭氧具有等腰三角形结构，3 个氧原子分别位于三角形的 3 个顶点，顶角为 116.79°，密度约为氧气的 1.5 倍，其沸点和凝固点均高于氧。臭氧液态呈蓝色，固态呈紫色。它与氧气不同，带明显令人恶心的气味，但低浓度的臭氧闻起来就像下过雨后出门闻到的"新鲜空气"的那种气味，十分怡人（当然也十分危险）。臭氧反应活性强，极易分解，很不稳定，在常温下会逐渐分解为氧气，其性质比氧活泼，密度为一般空气之 1.7 倍。臭氧会因光、热、水分、金属、金属氧化物以及其他的触媒而加速分解为氧。

它不溶于液态氧、四氯化碳等，有很强的氧化性，在常温下可将银氧化成氧化银，将硫化铅氧化成硫酸铅。臭氧可使许多有机色素脱色，对橡胶和纤维破坏性很大，很容易氧化有机不饱和化合物。臭氧在冰中极为稳定，其半衰期为 2000 年。

臭氧危害

臭氧的自然破坏是通过由氧、氮、氯、溴和氢参与的一系列催化过程造成的。

因臭氧反应活性强，是强氧化剂，对植物、动物及很多结构材料如塑胶、橡胶有害。它还会伤害肺组织，严重会导致肺出血而死亡。因此，当空气中臭氧含量过高时，一般建议老人和幼儿不宜于户外做剧烈运动，以免吸入过量臭氧。低层空气中臭氧有时被称为"有害的"臭氧，主要源于飞机、汽车排气中二氧化氮的光化学分解。由于工业和汽车废气的影响，尤其在大城市周围农林地区，在地表臭氧会形成和聚集。地表臭氧对人体，尤其是对眼睛、呼吸道等有侵蚀和损害作用。地表臭氧也对农作物或森林有害。与"有害的"臭氧相反，"有益的"臭氧存在于地球大气层的中气层（平流层上部），又称光化层，覆盖着地球表面，阻隔大部分破坏生物组织的太阳紫外线辐射。而稀薄的臭氧会给人以清新的感觉，因此，在大雷雨后，空气总是特别清新。

臭氧具有强烈的刺激性，吸入过量对人体健康有一定危害。它主要是刺激和损害深部呼吸道，并可损害中枢神经系统，对眼睛有轻度的刺激作用。当大气中臭氧浓度为 $0.1mg/m^3$ 时，可引起鼻和喉头黏膜的刺激；臭氧浓度在 $0.1\sim0.2mg/m^3$ 时，引起哮喘发作，导致上呼吸道疾病恶化，同时刺激眼睛，使视觉敏感度和视力降低。臭氧浓度在 $2mg/m^3$ 以上可引起头痛、胸痛、思维能力下降，严重时可导致肺气肿和肺水肿。此外，臭氧还能阻碍血液输氧功能，造成组织缺氧；使甲状腺功能受损、骨骼钙化，还可引起潜在性的全身影响，如诱发淋巴细胞染色体畸变，损害某些酶的活性和产生溶血反应。臭氧超过一定浓度，除对人体有一定毒害外，对某些植物生长也有一定危害。臭氧还可以使橡胶制品变脆和产生裂纹。

大自然很容易产生臭氧，在打雷闪电时会产生几十万伏的高压电，电离空气及有机物形成臭氧。臭氧能于短时间内将空气中的浮游细菌消灭，并能中和、分解毒气，去除恶臭。因此，臭氧可用于净化空气、饮用水，杀菌，处理工业废物和作为漂白剂。

全球性突出的问题

自从1970年初以来，作为大气中的微量气体，臭氧从只为少数科学家关注变成一个全球性突出问题。由于这些科学家展示了大气臭氧的正常浓度受到了人类活动的冲击，才导致了这一变化。臭氧的减少是根据世界环境组织的全球臭氧观测系统自1950年中期以来150多测站及最近15年中为数不多的专业卫星收集的资料发现的。通过大量的实验室研究、外场测量和理论研究，已确认了许多人造的化合物与这些臭氧减少的关系。根据这方面的资料，各国响应联合国环境署的号召签署了第一个保护臭氧层公约。

我们呼吸的空气99%是氮（78%）和氧（21%）。数百万年来这样的比例始终保持不变。一些稀有成分，如水汽，二氧化碳、甲烷、一氧化二氮、臭氧和惰性气体（如氩、氦、氖），在空气中的体积比例不足 1%。平均而言，每 1 000 万个空气分子中只有 3 个臭氧分子。如果将大气中所有的臭氧移至地球表层，其厚度大约仅为 3 毫米。

不同地点的大气柱中臭氧总量是不一样的，它主要取决于大尺度大气动力学。

虽然臭氧分子十分稀有，但它在我们地球生命中发挥了重要的作用。它们吸收有害的太阳紫外辐射（波长比 320 纳米左右还短），保护我们及所有其他动物和植物免受伤害。臭氧基本上也决定了平流层（10～15 千米）的热结构，在平流层中温度随高度增加而升高。

一方面太阳能量生产出新的臭氧，另一方面这些气体分子不断地被一些含氧、氮、氢和氯或溴的天然化合物所破坏。这些化学物质早在人类开始污染大气之前即已在平流层中存在。氮化合物来自土壤和海洋，氢主要来自大气中水汽，氯和溴则以甲基氯化物和甲基溴化物的形成来自海洋。目前，人类已开始扰乱臭氧脆弱的生成和破坏之间的平衡。通过向大气排放额外的含氯和含溴的化学物质（如氯氟化碳），人们增强了对臭氧的破坏，导致平流层中臭氧浓度降低。臭氧减少后到达地面的太阳辐射就会增多，获得的热量多，地面白天的温度就会上升，同时地面向外辐射的能量也多，也就是说大气吸收地面的热量也同时增加，这样在夜晚时大气通过逆辐射返回给地面的热量也增多了，温室效应也就加剧了。

臭氧问题已在联合国 50 周年纪念中提出，因为它代表了一个成功的环境例子。要掌握臭氧的变化及保护臭氧所需的措施均需要全世界的科学家、政府和工业部门的合作。在世界气象组织和联合国环境署的协调下，各国在与联合国专门机构如联合国开发计划署和世界银行及其他国家和国际组织的合作中共同作出努力。

➡➡➡ 知识点

在大气的低层（地表至 10～12 千米），称之为对流层，则正在发生相反的过程。在北半球中纬度地区，主要由于燃烧过程，对流层的局地臭氧浓度在过去 100 年中已增加一倍以上。对流层臭氧的这一增加不能补偿平流层臭氧的耗减，但这变化会影响地球大气系统的辐射平衡。

延伸阅读

　　浮游细菌是指水体中营浮游生活的原核生物类群，主要包括自养和异养细菌及古细菌，总体上异养细菌的数量要远大于自养细菌，尽管绝大多数的浮游细菌个体大小只有0.2～2微米，但是它们在水生生态系统生物地球化学循环中具有极其重要的作用。整个淡水生态系统中的物质和能量循环几乎完全依赖于浮游细菌的作用。

缺氧环境中的甲烷

关于甲烷的概述

　　甲烷，最简单的烃（碳氢化合物），化学式 CH_4。在标准状态下是一无色气体。主要来源为天然湿地（沼泽、苔原等）、水稻田、反刍动物、煤炭开采、海洋湖泊和其他生物活动场所、CH_4 水合物的失稳分解等。吸收红外线辐射，影响对流层中 O_3 及 OH 的浓度，影响平流层中 O_3 和 H_2O 的浓度，产生 CO_2。

　　甲烷是天然气的主要成分，约占87%。在标准压力的室温环境中，甲烷无色、无味；家用天然气的特殊味道，是为了安全而添加的人工气味，通常是使用甲硫醇或乙硫醇。在一大气压力的环境中，甲烷的沸点是 -161℃。空气中的瓦斯含量只要超过5%～15%就十分易燃。液化的甲烷不会燃烧，除非在高压的环境中（通常是4～5大气压力）。中国国家标准规定，甲烷气瓶为棕色，白字。甲烷并非毒气，然而，其具有高度的易燃性，和空气混合时也可能造成爆炸。甲烷和氧化剂、卤素或部分含卤素之化合物接触会有极为猛烈的反应。甲烷同时也是一种窒息剂，在密闭空间内可能会取代氧气。若氧气被甲烷取代后含量低于19.5%时可能导致窒息。当有建筑物位于垃圾掩埋场附近时，甲烷可能会渗透入建筑物内部，让建物内的居民暴露在高含量的甲烷之中。某些建筑物在地下室设有特别的回复系统，会主动捕捉甲烷，并将之排出至建筑物外。

　　甲烷是在缺氧环境中由产甲烷细菌或生物体腐败产生的，沼泽地每年会产生 150Tg（$T = 10^{12}$），消耗50Tg，稻田产生100Tg，消耗50Tg，牛羊等牲畜消化系统的发酵过程产生 100～150Tg，生物体腐败产生 10～100Tg，合计每年大气层中的甲烷含量会净增 350Tg 左右。它在大气中存在的平均寿命在 8 年左右，可以通过化学反应 $CH_4 + OH \rightarrow CH_3 + H_2O$ 消耗掉，而用于此反应的氢氧根（OH^-）的重量每年就达到 500Tg。

甲烷在自然界分布很广，是天然气、沼气、油田气及煤矿坑道气的主要成分。它可用作燃料及制造氢气、碳黑、一氧化碳、乙炔、氢氰酸及甲醛等物质的原料。

造成气候变迁的第二大温室气体

甲烷是很有意思的温室气体。许多人可能没听过，然而它竟是使人类造成气候变迁的第二大温室气体。大家可能都听过二氧化碳，而甲烷是影响强大且在短期内就举足轻重的。德国核物理研究所的科学家经过试验发现，植物和落叶都产生甲烷，而生成量随着温度和日照的增强而增加。另外，植物产生的甲烷是腐烂植物的 10～100 倍。他们经过估算认为，植物每年产生的甲烷占到世界甲烷生成量的 10%～30%。

甲烷是在创造适合生命存在的条件中，扮演重要角色的有机分子。美国宇航局喷气推进实验室的天文学家，利用绕轨运行的"哈勃"太空望远镜得到了一张 HD 189733b 行星大气的红外线分光镜图谱，并发现了其中的甲烷痕迹，相关发现刊登在 3 月 20 日出版的英国《自然》杂志上。

甲烷（CH_4），被认为是仅次于二氧化碳的具温室效应的气体。但迄今为止，人们对大气中甲烷的来源还了解得不十分清楚。只知道动、植物残骸在稻田、沼泽地内的厌氧发酵是它的一个重要来源，所以甲烷的俗称为"沼气"。此外，许多生物诸如白蚁、牛等在进行食物消化时体内亦会大量产生这个气体。近年来，由于人

甲烷喷井

类对粮食需求量日益增加，水稻种植面积不断扩大，也是大气中甲烷浓度增大的主要原因之一。通常，大气中的甲烷与氢氧自由基发生的反应，是销毁

它的主要途径。然而，由于人类大量使用化石燃料，燃烧时放出的一氧化碳能迅速与大气中的氢氧自由基反应，抑制这类自由基销毁甲烷的作用，从而导致大气甲烷浓度增加。测量结果表明，甲烷在大气中增长的速率是相当快的（年增长率为1.7%，而二氧化碳仅为0.4%），值得注意的是，虽然目前大气中甲烷的平均浓度只有1.711PPm，仅为大气中二氧化碳浓度的0.5%，但它产生的温室效应却为二氧化碳的1/3。

·····▶ 知识点

　　寇克·史密斯博士认为气候科学家应该多强调甲烷所造成的可怕后果："我们当然必须解决二氧化碳排放的问题，但如果我们想要在未来20年内扭转气候变迁，则应设法减少留存期较短的温室气体，其中最重要的就是甲烷。"世界各国应该听从这项忠告，将减少甲烷的排放视为第一要务；政府在制定减少温室气体排放的策略时，应将不含动物成分的饮食方式列为首要重点。正如史密斯博士所言："在人为因素所造成的甲烷污染中，牲畜是最大的排放源。"若能立刻减少全球甲烷的排放，也会让我们有更多时间来转换成使用永续能源。

延伸阅读

　　沼气，顾名思义就是沼泽里的气体。人们经常看到，在沼泽地、污水沟或粪池里，有气泡冒出来，如果我们划着火柴，可把它点燃，这就是自然界天然发生的沼气。沼气，是各种有机物质，在隔绝空气（还原条件），并在适宜的温度、湿度下，经过微生物的发酵作用产生的一种可燃烧气体。

间接温室气体一氧化二氮

间接性的温室气体

温室气体除了二氧化碳、臭氧、甲烷、碳氢化合物、氯氟碳化合物几种主要气体外，还有一些间接性的温室气体，例如一氧化二氮。

与二氧化碳相比，虽然 N_2O 在大气中的含量很低，但其单分子增温潜势却是二氧化碳的 310 倍，对全球气候的增温效应在未来将越来越显著。N_2O 浓度的增加，已引起科学家的极大关注。目前，对这一问题的研究，正在深入进行。

一氧化二氮，无色有甜味气体，又称笑气，是一种氧化剂，化学式 N_2O，在一定条件下能支持燃烧，但在室温下稳定，有轻微麻醉作用，并能致人发笑，能溶于水、乙醇、乙醚及浓硫酸。其麻醉作用于 1799 年由英国化学家汉弗莱·戴维发现。该气体早期被用于牙科手术的麻醉。需要注意的是，一氧化二氮是一种强大的温室气体，它的效果是二氧化碳的 296 倍。

一氧化二氮的分子是直线型结构。其中一个氮原子与另一个氮原子相连，而第二个氮原子又与氧原子相连。注意不要将一氧化二氮和其他的氮氧化物混淆，比如二氧化氮 NO_2 和一氧化氮 NO。将一氧化二氮与沸腾汽化的碱金属反应可以生成一系列的亚硝酸盐，在高温下，一氧化二氮也可以氧化有机物。

一氧化二氮的危害

早在 1772 年，汉弗莱·戴维自己和他的朋友，包括诗人柯尔律治和罗伯特·骚塞试验了这种气体。他们发现一氧化二氮能使病人丧失痛觉，而且吸入后仍然可以保持意识，不会神志不清。不久后笑气就被当作麻醉剂使用，尤其在牙医师领域。因为通常牙医师无专职的麻醉师，而诊疗过程中常需要病患保持清醒，并能依命令做出口腔反应，因而此气体给牙医师带来极大的方便。

小心加热硝酸铵可以生成一氧化二氮和水。这个反应需要控制温度于 170℃～240℃ 之间。快速加热或加热温度过高时，硝酸铵可能会爆炸性分解为氮气、氧气和水，从而造成危险。硝酸铵为农业肥料的成分之一，会慢慢地分解，产生一氧化二氮，而释放到大气中。

使用氮氧加速系统的改装

汽车排放氧化氮气

车辆将一氧化二氮送入引擎，遇热分解成氮气和氧气，提高引擎燃烧率，增加速度。其中氮气有制冷作用，冷却引擎。氧气有助燃作用，加快燃料燃烧。人可能因为吸入笑气而氧气过少时引起突然的窒息。

一氧化二氮的主要安全隐患在于，它是一种有分解性的麻醉剂，而且通常以加压液化的形式储存。在正常储存时，它是很稳定的，使用起来也很安全。但是如果错误地使用，它会很容易分解而且很有可能爆炸。液态的一氧化二氮是有机物的良好溶剂，不过用它制成溶液有可能会生成一些对外界刺激敏感的爆炸性物质。一部分火箭事故由于一氧化二氮被燃料污染而发生，少量的一氧化二氮和燃料的混合物发生爆炸，随即引起剩余一氧化二氮的爆炸性分解。

一氧化二氮与温室效应

一氧化二氮是一种具有温室效应的气体，是《京都议定书》规定的6种温室气体之一。N_2O 在大气中的存留时间长，并可输送到平流层，同时，N_2O 也是导致臭氧层损耗的物质之一。

在自然条件下，一氧化二氮主要从土壤和海洋中排出。人类在耕作、生产、使用氮肥、生产尼龙还有燃烧化石燃料和其他有机物的过程中增加了一氧化二氮的排放量。它是一种助燃剂。最初是用在二战时帮助德军飞机迅速逃离战场，现今改装汽车上，用于直线加速。

一氧化二氮在大气层中的存在寿命是150年左右，尽管在对流层中是化学惰性的，但是可以利用太阳辐射的光解作用在同温层中将其中的90%分解，剩下的10%可以和活跃的原子氧反应而消耗掉。即使如此，大气层中的 N_2O 仍以每年 0.5～3Tg 的速度净增。

氮氧化物，当然也包括一氧化二氮，是同类温室气体。因此，氮氧化物是控制温室气体排放时的主要对象。一氧化二氮本身是排在二氧化碳、甲烷之后的第三大温室气体。

知识点

麻醉剂：麻醉是指用药物或非药物方法使机体或机体一部分暂时失去感觉，以达到无痛的目的，多用于手术或某些疾病的治疗。"麻沸散"就是世界上第一个发明和使用的麻醉剂，由东汉末年和三国年间杰出的医学家华佗所创造，公元 2 世纪我国已用麻沸散全身麻醉进行剖腹手术。近代最早发明全身麻醉剂的人是 19 世纪初期的英国化学家戴维。

延伸阅读

《京都议定书》全称《联合国气候变化框架公约的京都议定书》，是 1997 年在日本京都召开的《气候框架公约》第三次缔约方大会上通过的国际性公约，为各国的二氧化碳排放量规定了标准，即：在 2008 年至 2012 年间，全球主要工业国家的工业二氧化碳排放量比 1990 年的排放量平均要低 5.2%。

强化温室效应的碳氢化合物

碳氢化合物的性质

由碳和氢两种元素组成的有机化合物称为碳氢化合物，又叫烃。它和氯气、溴蒸汽、氧等反应生成烃的衍生物，不与强酸、强碱、强氧化剂（例如：高锰酸钾）反应。如甲烷和氯气在见光条件下反应生成一氯甲烷、二氯甲烷、三氯甲烷和四氯甲烷（四氯化碳）等衍生物。在烃分子中碳原子互相连接，形成碳链或碳环状的分子骨架，一定数目的氢原子连在碳原子上，使每个碳原子保持四价。烃的种类非常多，结构已知的烃在 2 000 种以上。烃是有机化合物的母体，其他各类有机化合物可以看作是烃分子中一个或多个氢原子被其他元素的原子或原子团取代而生成的衍生物。

烃是化学家发明的字，就是用"碳"的声母加上"氢"的韵母合成一个字，用"碳"和"氢"两个字的内部结构组成字型，烃类是所有有机化合物的母体，可以说所有有机化合物都不过是用其他原子取代烃中某些原子的结果。

碳氢化合物与温室效应

氟氯碳化合物（CFC_s）目前以 CFC－11，CFC－12，CFC－13 为主。使用于冷气机、电冰箱的冷媒、电子零件清洁剂、发泡剂，是造成温室效应的气体。吸收红外线辐射，影响平流层中 O_3 的浓度。

　　每年，全世界排放的碳氢化合物总量约为 185 830 万吨。其中，甲烷是最大的天然来源，排放量占总排放量的 86%；另一重要天然源，是植物排出的，占总量的 9.15%。这些物质排放量虽大，但由于它分散在广阔的大自然中，并未构成对环境的直接危害。但是，从 1978—1987 年，在低层大气中，世界范围内的甲烷浓度已上升 11%，这会强化温室效应。

碳氢化合物的人为来源

　　碳氢化合物的人为来源，主要是燃料的不完全燃烧和溶剂的蒸发。美国 1970 年的碳氢化合物排放总量是 3 500 万吨。其中，汽车排放量 1 670 万吨，占 47.7%；工业企业排放 550 万吨，占 15.7%；有机溶剂的蒸发为 310 万吨，占 8.9%。由此看来，汽车尾气是产生碳氢化合物的主要污染源。

　　相对而言，许多碳氢化合物比较低毒，只有乙烯对植物直接有害；甲醛和丙烯醛有催泪作用；碳氢化合物常和含氮化合物协同作用，产生光化学雾，从而造成很大危害。

　　氯氟碳化合物，它们在对流层中也是化学惰性的，但也可在同温层中利用太阳辐射光解掉或和活性碳原子反应消耗掉。

知识点

　　氯氟碳化合物（又称氟氯烷）是一组由氯、氟及碳组成的卤代烷。因为低活跃性、不易燃烧及无毒，氯氟碳化合物被广泛使用于日常生活中。氟利昂是氟氯甲烷的商标名称。氯氟碳化合物由一个烷烃经卤化反应（自由基取代反应）与氟、氯分子结合而成，而烷烃的氢原子会被氟或氯原子所取代；仍有氢原子未被取代的则称为含氯氟烷（HCFC$_s$）。

延伸阅读

　　光化学雾：汽车、工厂等污染源排入大气的碳氢化合物和氮氧化物等一次污染物，在阳光的作用下发生化学反应，生成臭氧、醛、酮、酸、过氧乙酰硝酸酯等二次污染物，参与光化学反应过程的一次污染物和二次污染物的混合物所形成的烟雾污染现象叫作光化学烟雾。

不可忽视的氟

微量元素：氟

我国新疆东疆某煤矿患腰腿关节痛者甚多，并有四肢无力、骨关节功能障碍等症状。北疆某垦区部分团场中学生斑釉齿达95%以上，成人中也有相当多的骨关节病症，牲畜中则常见有厌食、牙齿磨损和早期脱落等病患。祸根在哪里呢？经科技人员深入调查研究才发现，罪魁祸首是"氟"。

氟是自然界中普遍存在的一种微量元素。元素符号：F。元素类型：非金属。

氟属于卤素的在化合物中显负一价的非金属元素，通常情况下氟气是一种浅黄绿色的、有强烈助燃性的刺激性毒气，是已知的最强的氧化剂之一。氟气为苍黄色气体，密度1.69克/升，熔点 - 219.62℃，沸点 - 188.14℃，化合价 -1，氟的电负性最高，电离能为17.422电子伏特，是非金属中最活泼的元素，氧化能力很强，能与大多数含氢的化合物如水、氨和除氦、氖外一切无论液态、固态或气态的化学物质起反应。氟气与水的反应很复杂，主要氟化氢和氧以及较少量的过氧化氢、二氟化氧和臭氧产生，也可在化合物中置换其他非金属元素。可以同所有的非金属和金属元素起猛烈的反应，生成氟化物，并发生燃烧。有极强的腐蚀性和毒性，操作时应特别小心，切勿使它的液体或蒸气与皮肤和眼睛接触。

对于氟的研究

1774年瑞典化学家舍勒以硫酸分解萤石时发现放出一种与盐酸气很相似的气体，溶于水中得到的酸与盐酸类同，之后以硝酸、盐酸及磷酸代替硫酸和萤石作用，依然得到这种酸。他当时以玻璃仪器进行实验，期间发现仪器内出现硅的化合物沉积物，他认为是新种酸与水作用的释出物，这显然是误解，以现在的化学解释，硅化合物是氢氟酸腐蚀玻璃的残余物。

法国化学家拉瓦锡认为这种新酸和盐酸一样，其中含有氧（19世纪以前的化学家认为所有酸皆含有氧，故氧元素亦称为酸素），他提出当中是由一个未知的酸基和氧的化合物。1789年，他把氢氟酸基和盐酸基同是化学元素，它们的性质极为相似，并把它列入他的元素表中。

拉瓦锡死后，法国化学家盖·吕萨克等继续进行提纯氢氟酸的研究，到了1819年无水氢氟酸虽然仍未分离，但却阐明了这种酸（氟）的本质。

氟的用途

氟是人和动物身体发育过程不可缺少的微量元素之一。但如果氟含量过剩，又能影响人、动物和植物的正常生长。经查证：新疆某煤矿和垦区人体氟中毒，就是因开采高氟煤层污染环境和开发利用高氟地下水，使饮水氟含量几倍甚至十几倍超标所致。

氯氟烃由一群以托马斯·米基利为首的美国科学家于1928年人工合成，用作冷藏器的冷冻剂（雪种），因为过往的冷冻剂（例如氨及二氧化硫）都易燃或有毒。其后，氯氟碳化合物被广泛使用，直至近年科学家意识到氯氟碳化合物的害处为止。

氯氟碳化合物由一个烷烃经卤化反应（自由基取代反应）与氟、氯分子结合而成，而烷烃的氢原子会被氟或氯原子所取代；仍有氢原子未被取代的则称为含氯氟烃（$HCFC_s$）。

由于氯氟碳化合物无味、无易燃性、无毒性、无腐蚀性及相当稳定，所以用途广泛。可以用来做压缩喷雾喷射剂，液态氯氟碳化合物通常被加进喷漆及杀虫剂等压缩喷雾的容器。当使用者使用压缩喷雾时，容器内的压力会降低，导致液态氯氟碳化合物气化，令内里的液体喷射出来。因为氯氟碳化合物能够溶解油脂，故被用作电子零件及金属用品的清洁剂。还可以被用作冷冻剂，氟利昂气化时吸收大量内能，令附近环境变冷，所以成为冷藏器（例如冰箱及空调）的冷冻剂。也可以当作发泡剂，在制造发泡胶的过程中，氯氟碳化合物被混合于塑胶中，成为发泡胶的气泡。另外，氯氟碳化合物也

氟利昂"摧毁"俄核潜艇

被加进汽油中，防止汽油因低温而凝结。

氟的危害

除了上述这些用途之外，氯氟碳化合物对臭氧层也能起到破坏作用。部分使用后的氯氟碳化合物升到同温层。由于其低活跃性、低生物降解性及不溶于水，氯氟碳化合物很难被分解。氯氟碳化合物在太阳的紫外线照射下会分解出氯气自由基，破坏臭氧。由于此等破坏是连锁反应，故威力相当惊人。据估计，一个氯原子可以破坏近 10 万个臭氧分子。

由于氯氟碳化合物对臭氧层的破坏日益严重，故多个国家于 1987 年 9 月于加拿大蒙特利尔签署《蒙特利尔议定书》，分阶段限制氯氟碳化合物的使用。由 1996 年 1 月 1 日起，氯氟碳化合物正式被禁止生产。因此，氯氟碳化合物可被碳氢化合物取代，虽然不会破坏臭氧层，但具有一定的易燃性和毒性。

▶ 知识点

氯氟酸是一种无色透明发烟液体。为氟化氢气体的水溶液。呈弱酸性。有刺激性气味。有腐蚀性，能强烈地腐蚀金属、玻璃和含硅的物体。与硅和硅化合物反应生成气态的四氟化硅，但对塑料、石蜡、铅、金、铂不起腐蚀作用，能与水和乙醇混溶。

延伸阅读

卤素指周期系ⅦA族元素。包括氟（F）、氯（Cl）、溴（Br）、碘（I）、砹（At），简称卤素。它们在自然界都以典型的盐类存在，是成盐元素。卤族元素的单质都是双原子分子，它们的物理性质的改变都是很有规律的，随着分子量的增大，卤素分子间的色散力逐渐增强，颜色变深，它们的熔点、沸点、密度、原子体积也依次递增。卤素都有氧化性，氟单质的氧化性最强。卤族元素和金属元素构成大量无机盐，此外，在有机合成等领域也发挥着重要的作用。

温室效应与自然灾害
WENSHI XIAOYING YU ZIRAN ZAIHAI

温室效应最大的危害是带来全球变暖，继而引发了一系列的自然灾害。邪恶的"圣婴"厄尔尼诺、反厄尔尼诺现象拉尼娜、无情的大旱和饥饿、泛滥成灾的洪水、昏天暗地的沙尘暴、积雪成灾的大雪、天空横降的大冰雹、最快最猛的龙卷风、席卷海洋的台风风暴、掀起海洋巨浪的海啸、海洋杀手热带风暴，等等。这些大自然的灾难，看似很正常，其实不然，与地球的温室效应有着密不可分的因果关系。

在自然灾难面前人类是弱小的，生命是脆弱的。尽管我们的科学技术已经有了相当的成就，可是面对一些严重的自然灾难，我们依然是无可奈何，甚至有时候只能眼睁睁地看着灾难夺去亲人的生命，吞噬人类生活的家园。

而今，警钟再一次敲响，让我们不得不更加重视这些无情的自然灾难。希望通过对这些灾难的探索研究，为我们的生活增加一份新的保证。

疯狂"圣婴"厄尔尼诺

厄尔尼诺现象

在科学上，厄尔尼诺一词用于表示在秘鲁和厄瓜多尔附近几千千米的东太平洋海面温度的异常增暖现象。当这种现象发生时，大范围的海水温度可比常年高出 3℃ ~6℃。太平洋广大水域的水温升高，改变了传统的赤道洋流和东南信风，导致全球性的气候反常。

厄尔尼诺现象的基本特征是太平洋沿岸的海面水温异常升高，海水水位上涨，并形成一股暖流向南流动。它使原属冷水域的太平洋东部水域变成暖水域，结果引起海啸和暴风骤雨，造成一些地区干旱，另一些地区又降雨过多的异常气候。

探寻厄尔尼诺的规律

厄尔尼诺的全过程分为发生期、发展期、维持期和衰减期，历时一般一年左右，大气的变化滞后于海水温度的变化。

在气象科学高度发达的今天，人们已经了解：太平洋的中央部分是北半球夏季气候变化的主要动力源。通常情况下，太平洋沿南美大陆西侧有一股北上的秘鲁寒流，其中一部分变成赤道海流向西移动，此时，沿赤道附近海域向西吹的季风使暖流向太平洋西侧积聚，而下层冷海水则在东侧涌升，使得太平洋西段菲律宾以南、新几内亚以北的海水温度渐渐升高，这一段海域被称为"赤道暖池"，同纬度东段海温则相对较低。对应这两个海域上空的大气也存在温差，东边的温度低、气压高，冷空气下沉后向西流动；西边的温度高、气压低，热空气上升后转向东流，这样，在太平洋中部就形成了一个海平面冷空气向西流，高空热空气向东流的大气环流（沃克环流），这个环流在海平面附近就形成了东南信风。但有些时候，这个气压差会低于多年平均值，有时又会增大，这种大气变动现象被称为"南方涛动"。20 世纪 60 年代，气象学家发现厄尔尼诺和南方涛动密切相关，气压差减小时，便出现厄尔尼诺现象。厄尔尼诺发生后，由于暖流的增温，太平洋由东向西流的季风大为减弱，使大气环流发生明显改变。

20 世纪 60 年代以后，随着观测手段的进步和科学技术的发展，人们发现厄尔尼诺现象不仅出现在南美等国沿海，而且遍及东太平洋沿赤道两侧的全部海域以及环太平洋国家；有些年份，甚至印度洋沿岸也会受到厄尔尼诺带来的气候异常的影响，发生一系列自然灾害。总的来看，它使南半球气候更加干热，使北半球气候更加寒冷潮湿。

厄尔尼诺现象是周期性出现的，大约每隔 2 ~7 年出现一次。至 1976 年以来，厄尔尼诺现象分别在 1976—1977 年、1982—1983 年、1986—1987 年、1991—1993 年和 1994—1995 年出现过 5 次。随着全球变暖，厄尔尼诺现象出现得越来越频繁。

由于科技的发展和世界各国的重视，科学家们通过采取一系列预报模型、海洋观测和卫星侦察，海洋大气耦合等科研活动，深化了对这种气候异常现象的认识。首先认识到厄尔尼诺现象出现的物理过程是海洋和大气相互作用的结果，即海洋温度的变化与大气相关联。所以在20世纪80年代后，科学家们把厄尔尼诺现象称为"安索"现象。其次是热带海洋的增温不仅发生在南美智利海域，而且也发生在东太平洋和西太平洋。它无论发生在哪时，都会迅速地导致全球气候的明显异常，它是气候变异的最强信号，会导致全球许多地区出现严重的干旱和水灾等自然灾害。

一般认为海温连续3个月正距平在0.5℃以上，即可认为是一次厄尔尼诺事件。当前据气象学家的研究普遍认为：厄尔尼诺事件的发生对全球不少地区的气候灾害有预兆意义，所以对它的监测已成为气候监测中一项重要的内容。

厄尔尼诺带来的灾害

据历史记载，自1950年以来，20世纪世界上共发生17次厄尔尼诺现象。其中1997年发生的并且持续至今的这一次最为严重。

厄尔尼诺现象示意图

一般来说，当厄尔尼诺现象出现时，赤道太平洋中东部地区降雨量会大大增加，造成洪涝灾害，而澳大利亚和印度尼西亚等太平洋西部地区则干旱无雨。据不完全统计，20世纪出现的厄尔尼诺现象有17次。发生的季节并不固定，持续时间短的为半年，长的一两年，强度也不一样。1982—1983年那次较强，持续时间长达两年之久，使得灾害频发，造成大约1 500人死亡和至少100亿美元的财产损失。

1982—1983年，通常干旱的赤道东太平洋降水大增，南美西部夏季出现反常暴雨，厄瓜多尔、秘鲁、智利、巴拉圭、阿根廷东北部遭受洪水袭击，厄瓜多尔的降水比正常年份多15倍，洪水冲决堤坝，淹没农田，几十万人无家可归。在美国西海岸，加州沿海公路被淹没，内华达等 5 个州的洪水和泥石流巨浪高达 9 米。在太平洋西侧，澳大利亚由于干旱引起灌木林大火，造成多人死亡；印度尼西亚的东加里曼丹发生森林大火，并殃及马来西亚和新加坡；大火产生的烟雾使马来西亚空运中断，3 个州被迫实行定量供水；新加坡的炎热是 35 年来最严重的。据统计，本次厄尔尼诺事件在世界范围造成的经济损失约为 200 亿美元。范围可达整个热带太平洋东部至中部。

我国 1998 年夏季长江流域的特大暴雨洪涝就与 1997—1998 年厄尔尼诺现象密切相关。当年厄尔尼诺强大的影响力一直从 1997 年上半年续待至 1998 年上半年。1998 年全球年平均气温达到 14.5℃，创下有现代气象记载以来的最高纪录；而我国那年也遭遇了历史罕见的特大洪水，那一年被称为 20 世纪最强烈的厄尔尼诺现象。

根据对近百年来太阳活动变化规律与厄尔尼诺关系的研究，科学家发现太阳黑子减少期到谷值期是厄尔尼诺的多发期，并有两到三次厄尔尼诺发生。

科学家们把那些季节升温十分激烈，大范围月平均海温高出常年 1℃ 以后的年份才称为厄尔尼诺年。

➡ 知识点

> 厄尔尼诺现象发生时，由于海温的异常增高，导致海洋上空大气层气温升高，破坏了大气环流原来正常的热量、水汽等分布的动态平衡。这一海气变化往往伴随着出现全球范围的灾害性天气：该冷不冷、该热不热，该天晴的地方洪涝成灾，该下雨的地方却烈日炎炎焦土遍地。

延伸阅读

"厄尔尼诺"一词来源于西班牙语，原意为"圣婴"。19 世纪初，在南美洲的厄瓜多尔、秘鲁等西班牙语系的国家，渔民们发现，每隔几年，从 10 月至第二年的 3 月便会出现一股沿海岸南移的暖流，使表层海水温度明显升高。南美洲的太平洋东岸本来盛行的是秘鲁寒流，随着寒流移动的鱼群使秘鲁渔场成为世界四大渔场之一，但这股暖流一出现，性喜冷水的鱼类就会大量死亡，使渔民们遭受无妄之灾。由于这种现象最严重时往往在圣诞节前后，于是，遭受天灾而又无可奈何的渔民将其称为上帝之子——圣婴。

冰冷"圣女"拉尼娜

反厄尔尼诺现象

拉尼娜现象就是太平洋中东部海水异常变冷的情况。东信风将表面被太阳晒热的海水吹向太平洋西部，致使西部比东部海平面增高将近 60 厘米，西部海水温度增高，气压下降，潮湿空气积累形成台风和热带风暴，东部底层海水上翻，致使东太平洋海水变冷。

太平洋上空的大气环流叫作沃尔克环流，当沃尔克环流变弱时，海水吹不到西部，太平洋东部海水变暖，就是厄尔尼诺现象；但当沃尔克环流变得异常强烈，就产生拉尼娜现象。一般拉尼娜现象会随着厄尔尼诺现象而来，出现厄尔尼诺现象的第二年，都会出现拉尼娜现象，有时拉尼娜现象会持续两三年。1988—1989 年，1998—2001 年都发生了强烈的拉尼娜现象，1995—1996 年发生的拉尼娜现象较弱。

拉尼娜现象是气象和海洋学家用来专门指发生在赤道太平洋东部和中部海水大范围持续异常变冷的现象（海水表层温度低出气候平均值 0.5℃以上，且持续时间超过 6 个月以上）。拉尼娜也称反厄尔尼诺现象。

厄尔尼诺与拉尼娜的关系

厄尔尼诺和拉尼娜是赤道中、东太平洋海温冷暖交替变化的异常表现，这种海温的冷暖变化过程构成一种循环，在厄尔尼诺之后接着发生拉尼娜并非稀罕之事。同样拉尼娜后也会接着发生厄尔尼诺。但从 1950 年以来的记录来看，厄尔尼诺发生频率要高于拉尼娜。拉尼娜现象在当前全球气候变暖背景下频率趋缓，强度趋于变弱。特别是在 20 世纪 90 年代，1991 年到 1995 年曾连续发生了 3 次厄尔尼诺，但中间没有发生拉尼娜。

厄尔尼诺与拉尼娜现象通常交替出现，对气候的影响大致相反，通过海洋与大气之间的能量交换，改变大气环流而影响气候的变化。从近 50 年的监测资料看，厄尔尼诺出现频率多于拉尼娜，强度也大于拉尼娜。

拉尼娜常发生于厄尔尼诺之后，但也不是每次都这样。厄尔尼诺与拉尼娜相互转变需要大约 4 年的时间。

"厄尔尼诺—拉尼娜现象"

中国海洋学家认为，中国在 1998 年遭受的特大洪涝灾害，是由"厄尔尼诺—拉尼娜现象"和长江流域生态恶化两大成因共同引起的。中国海洋学家和气象学家注意到，1997 年在热带太平洋上出现的厄尔尼诺现象（我国附近海洋变冷）已在一个月内转变为一次拉尼娜现象（我国附近海水变暖）。这种从未有过的情况是长江流域降雨暴增的原因之一。这次厄尔尼诺使中国的气候也十分异常，1998 年 6 月至 7 月，江南、华南降雨频繁，长江流域、两湖盆地均出现严重洪涝，一些江河的水位长时间超过警戒水位，两广及云南部分地区雨量也偏多五成以上，华北和东北局部地区也出现涝情。拉尼娜也会造成气候异常。一般来说，由厄尔尼诺造成的大范围暖湿空气移动到北半球较高纬度后，遭遇北方冷空气，冷暖交换，形成降雨量增多。但到 6 月后，夏季到来，雨带北移，长江流域汛期应该结束。但这时拉尼娜出现了，南方空气变冷下沉，已经北移的暖湿流就退回填补真空。事实上，副热带高压在 7 月 10 日已到北纬 30°，又突然南退到北纬 18°，这种现象历史上从未见过。

拉尼娜是一种厄尔尼诺年之后的矫正过度现象。这种水文特征将使太平洋东部水温下降，出现干旱，与此相反的是西部水温上升，降水量比正常年份明显偏多。科学家认为：拉尼娜这种水文现象对世界气候不会产生重大影响，但将会给广东、福建、浙江乃至整个东南沿海带来较多并持续一定时期的降雨。

2000 年 9 月，美国国家航空航天局称，在过去的 3 年中，厄尔尼诺和拉尼娜引起天气异常。它们将不再影响热带地区，但其他地区还将受其影响。大西洋和太平洋的热带地区的气温和水位已经恢复到正常水平。太平洋中部的海水水位比正常值高 14 ~ 32 厘米，而白令海和阿拉斯加湾的水位却低于正常值 5 ~ 13 厘米。该局喷气推进实验室的海洋学家威廉·帕策尔特说，目前这种平静状况始于 3 个月前的拉尼娜的消逝。他认为全球气候系统已恢复到 3 年前的状态。

2008 年，持续了一年多的厄尔尼诺现象迅速消失后，拉尼娜随即登场了。

拉尼娜的形成

拉尼娜究竟是怎样形成的？厄尔尼诺与赤道中、东太平洋海温的增暖、信风的减弱相联系，而拉尼娜却与赤道中、东太平洋海温度变冷、信风的增

WEIXIAN DE QIHOU WENSHI XIAOYING

强相关联。因此，实际上拉尼娜是热带海洋和大气共同作用的产物。

海洋表层的运动主要受海表面风的牵制。信风的存在使得大量暖水被吹送到赤道西太平洋地区，在赤道东太平洋地区暖水被刮走，主要靠海面以下的冷水进行补充，赤道东太平洋海温比西太平洋明显偏低。当信风加强时，赤道东太平洋深层海水上翻现象更加剧烈，导致海表温度异常偏低，使得气流在赤道太平洋东部下沉，而气流在西部的上升运动更为加剧，有利于信风加强，这进一步加剧赤道东太平洋冷水发展，引发了的拉尼娜现象。

拉尼娜的影响

拉尼娜同样对气候有影响。拉尼娜与厄尔尼诺性格相反，随着厄尔尼诺的消失，拉尼娜的到来，全球许多地区的天气与气候灾害也将发生转变。总体说来，拉尼娜并非性情十分温和，它也将可能给全球许多地区带来灾害，其气候影响与厄尔尼诺大致相反，但其强度和影响程度不如厄尔尼诺。

2007年上半年我国气候呈现出多样化趋势，气候专家经过研究分析，初步认为拉尼娜现象是影响我国上半年气候的主要原因。

国家气候中心研究专家认为，在拉尼娜现象影响下，赤道东太平洋水温偏低，东亚经向环流异常，造成入春以来我国北方地区偏北气流盛行，而东南暖湿气流相对较弱。于是，北方强寒潮大风频繁出现，而降雨量却持续偏少，气温也居高不下。

谈到沙尘暴出现的原因，专家认为，沙尘暴的形成及其规模取决于环境、气候两大因素，从环境上讲，日益严重的荒漠化问题不容忽视。但"无风不起浪"，从气候上讲，北方地区如果气温回升较快，偏高幅度达2℃~3℃，造成土壤解冻时间提前，干土层大量出现。这时，雨季尚未来临，在拉尼娜现象影响下，北方地区连续出现大风天气，土借风势，沙尘暴随即形成。

北方的高温少雨，也是人们的一个热门话题，2007年3到5月，全国平均气温创下1961年以来的同期最高，特别是北方地区气温持续偏高。从2月开始，长江以北大部地区降水持续偏少，连续4个月总降水量不足100毫米，华北、西北地区不足50毫米，较常年同期偏少五成以上，特别是2到4月，北方地区平均降水量仅23毫米，为新中国成立以来最少。高温再加上少雨，使北方地区土壤墒情快速下降，形成了20世纪90年代以来最严重的春旱。

据统计，1992年以来，除1998年外，其他年份2到4月北方降水量一直在多年平均值以下，北方地区降水持续偏少，土壤底层墒情已经很差。这时，在拉尼娜现象影响下，我国北方地区偏北气流盛行，而东南暖湿气流相对较弱，再加上冷暖空气配合不力，此消彼长，一直没能在北方地区形成理想的降雨条件，由此出现了持续少雨干旱的天气。

拉尼娜现象的严重影响

专家在谈到我国整体气候特征和发展趋势时说，从近年来全球气候的走势看，普遍表现出多样化趋势，这主要是在全球气候变暖的大背景下，厄尔尼诺和拉尼娜现象交替作用的结果。在这种环境中，我国不可能成为风平浪静的"世外桃源"。国家气象部门正密切关注今后的大气气候变化，及时预报，尽可能减少灾害性气候带来的损失。

知识点

拉尼娜是指赤道太平洋东部和中部海面温度持续异常偏冷的现象（与厄尔尼诺现象正好相反），是气象和海洋界使用的一个新名词，意为"小女孩"，正好与意为"圣婴"的厄尔尼诺相反，也称为"反厄尔尼诺"或"冷事件"。

延伸阅读

信风，是指低层大气中从热带地区刮向赤道地区的行风，在北半球被称为"东北信风"，南半球被称为"东南信风"。很久很久以前住在南美洲的西班牙人，利用这恒定的偏东风航行到东南亚开展商务活动。因此，信风又名贸易风。

气旋性风暴台风

强烈的热带气旋

台风（或飓风）是产生于热带洋面上的一种强烈热带气旋。只是随着发生地点不同，叫法不同。印度洋和在北太平洋西部、国际日期变更线以西，包括南中国海范围内发生的热带气旋称为"台风"；而在大西洋或北太平洋东部的热带气旋则称"飓风"。也就是说，台风在欧洲、北美一带称"飓风"，在东亚、东南亚一带称为"台风"；在孟加拉湾地区被称作"气旋性风暴"；在南半球则称"气旋"。

台风经过时常伴随着大风和暴雨或特大暴雨等强对流天气。风向在北半球地区呈逆时针方向旋转（在南半球则为顺时针方向）。在气象图上，台风的等压线和等温线近似为一组同心圆。台风中心为低压中心，以气流的垂直运动为主，风平浪静，天气晴朗；台风眼附近为漩涡风雨区，风大雨大。

有史以来强度最高、中心附近气压值最低的台风，是超强台风泰培，日本 1979 年的大范围洪灾就是由这个台风造成的。

typhoon 在美语中指发生在西太平洋或印度洋的热带暴风。若追溯其语源，也许很少有单词能像 typhoon 一样表明汉语、阿拉伯语、东印度语和希腊语的多国语言背景。希腊单词 typhon 既是风神的姓名又是意为"旋风，台风"的普通名词，被借入到阿拉伯语（就像在中世纪时许多希腊语单词进入阿拉伯语一样，那时，阿拉伯人的学问保存了古典的风格，同时在把它传向欧洲时又有所扩充）。Tufan，希腊语的阿拉伯语形式，传入到了印度人使用的语言，11 世纪时讲阿拉伯语的穆斯林入侵者在印度定居下来。这样，阿拉伯语单词的衍生，从印度语言进入英语（最早记载于 1588 年），并以如 touffon 和 tufan 的形式出现于英语中，最先特指印度的猛烈风暴。在中国，给了热带风暴的另一个单词——台风。汉语单词的广东语形式 toifung 同我们的阿拉伯语借用词相近，最早以 tuffoon 的形式于 1699 年载入英语。各种形式合并在一起最后变成了 typhoon。

台风的形成

热带海面受太阳直射而使海水温度升高，海水蒸发成水汽升空，而周围的较冷空气流入补充，然后再上升，如此循环，终必使整个气流不断扩大而形成"风"。由于海面之广阔，气流循环不断加大直径乃至有数千米。由于地球由西向东高速自转，致使气流柱和地球表面产生摩擦，由于越接近赤道摩擦力越强，这就引导气流柱逆时针旋转（南半球系顺时针旋转），由于地球自转的速度快而气流柱跟不上地球自转的速度而形成感觉上的西行，这就形成我们现在说的台风和台风路径。台风的中心就在我们目前看到的风向呈"丁"字形的位置，根据风向和风速就不难判断出台风中心的距离和走向了。根据40年观测台风来临前的行云方向，判断台风是否从本地经过，基本上全部准确。准确性有好多次竟先于本地的预报。当近地面最大风速到达或超过每秒17.2米时，我们就称它为台风。

在海洋面温度超过26℃以上的热带或副热带海洋上，由于近洋面气温高，大量空气膨胀上升，使近洋面气压降低，外围空气源源不断地补充流入上升。受地转偏向力的影响，流入的空气旋转起来。而上升空气膨胀变冷，其中的水汽冷却凝结形成水滴时，要放出热量，又促使低层空气不断上升。这样近洋面气压下降得更低，空气旋转得更加猛烈，最后形成了台风。

如此巨大的庞然大物，其产生必须具备特有的条件。

（1）要有广阔的高温、高湿的大气。热带洋面上的底层大气的温度和湿度主要决定于海面水温，台风只能形成于海温高于26℃～27℃暖洋面上，而且在60米深度内的海水水温都要高于26℃～27℃。

（2）要有低层大气向中心辐合、高层向外扩散的初始扰动。而且高层

台　风

辐散必须超过低层辐合，才能维持足够的上升气流，低层扰动才能不断加强；

（3）垂直方向风速不能相差太大，上下层空气相对运动很小，才能使初始扰动中水汽凝结所释放的潜热能集中保存在台风眼区的空气柱中，形成并加强台风暖中心结构；

（4）要有足够大的地转偏向力作用，地球自转作用有利于气旋性涡旋的生成。地转偏向力在赤道附近接近于零，向南北两极增大，台风基本发生在大约离赤道 5 个纬度以上的洋面上。

台风的灾害

台风是一种破坏力很强的灾害性天气系统，但有时也能起到消除干旱的有益作用。其危害性主要有 3 个方面：

（1）大风。台风中心附近最大风力一般为 8 级以上。

（2）暴雨。台风是最强的暴雨天气系统之一，在台风经过的地区，一般能产生 150～300 毫米降雨，少数台风能产生 1 000 毫米以上的特大暴雨。

（3）风暴潮。一般台风能使沿岸海水产生增水，江苏省沿海最大增水可达 3 米。"9608"和"9711"号台风增水，使江苏省沿江沿海出现超历史的高潮位。

关于台风的防范

（1）千万别下海游泳。台风来时海滩助潮涌，大浪极其凶猛，在海滩游泳是十分危险的，所以千万不要去下海。

（2）受伤后不要盲目自救，请拨打 120。台风中外伤、骨折、触电等急救事故最多。外伤主要是头部外伤，被刮倒的树木、电线杆或高空坠落物如花盆、瓦片等击伤。电击伤主要是被刮倒的电线击中，或踩到掩在树木下的电线。不要打赤脚，穿雨靴最好，既能防雨又能起到绝缘作用，预防触电。走路时观察仔细再走，以免踩到电线。通过小巷时，也要留心，因为围墙、电线杆倒塌的事故很容易发生。高大建筑物下注意躲避高空坠物。发生急救事故，先打 120，不要擅自搬动伤员或自己找车急救。搬动不当，对骨折患者会造成神经损伤，严重时会发生瘫痪。

（3）请尽可能远离建筑工地。居民经过建筑工地时最好稍微保持点距离，因为有的工地围墙经过雨水渗透，可能会松动；还有一些围栏，也可能倒塌；一些散落在高楼上没有及时收集的材料，譬如钢管、榔头等，说不定会被风吹下；而有塔吊的地方，更要注意安全，因为如果风大，塔吊臂有可能会折断。还有些地方正在进行建筑立面整治，人们在经过脚手架时，最好绕行，不要往下面走。

（4）一定要出行建议乘坐火车。在航空、铁路、公路3种交通方式中，公路交通一般受台风影响最大。如果一定要出行，建议不要自己开车，可以选择坐火车。

（5）为了自己和他人安全请检查家中门窗阳台。台风来临前应将阳台、窗外的花盆等物品移入室内，切勿随意外出，家长关照自己孩子，居民用户应把门窗捆紧拴牢，特别应对铝合金门窗采取防护，确保安全。市民出行时请注意远离迎风门窗，不要在大树下躲雨或停留。

知识点

台风源地分布在西北太平洋广阔的低纬洋面上。西北太平洋热带扰动加强发展为台风的初始位置，在经度和纬度方面都存在着相对集中的地带。在东西方向上，热带扰动发展成台风相对集中在4个海区：

（1）中国南海海区；

（2）菲律宾群岛以东、琉球群岛、关岛等附近海面（最重要的台风发源地）；

（3）马里亚纳群岛附近海面；

（4）马绍尔群岛附近海面。

延伸阅读

2009年我国受到台风"莫拉克"的强烈影响。莫拉克登陆台湾时近中心最大风力达13级（40米/秒）；再次登陆福建霞浦时中心附近最大风力仍达12级（33米/秒）。莫拉克给我国多省市带来狂风暴雨，受台风莫拉克环流影响，福建、浙江沿海等地出现了10～12级，局部13～15级的大风，给我国经济造成了重大的损失。

席卷海陆的龙卷风

何谓龙卷风

龙卷风是一种强烈的、小范围的空气涡旋，是在极不稳定天气下由空气强烈对流运动而产生的，由雷暴云底伸展至地面的漏斗状云（龙卷）产生的强烈的旋风，其风力可达 12 级以上，最大可达 100 米每秒以上，一般伴有雷雨，有时也伴有冰雹。

空气绕龙卷的轴快速旋转，受龙卷中心气压极度减小的吸引，近地面几十米厚的一薄层空气内，气流被从四面八方吸入涡旋的底部。并随即变为绕轴心向上的涡流。龙卷中的风总是气旋性的，其中心的气压可以比周围气压低 10%。

龙卷风比台风（产生于海上）近中心最大风速大好几倍。中心气压很低，一般可低至 400hPa（百帕，气压单位），最低可达 200hPa。它具有很大的吸吮作用，可把海（湖）水吸离海（湖）面，形成水柱，然后同云相接，俗称"龙取水"。由于龙卷风内部空气极为稀薄，导致温度急剧降低，促使水汽迅速凝结，这是形成漏斗云柱的重要原因。漏斗云柱的直径，平均只有 250m 左右。龙卷风产生于强烈不稳定的积雨云中。它的形成与暖湿空气强烈上升、冷空气南下、地形作用等有关。它的生命较为短暂，一般维持十几分钟到一两小时，但其破坏力惊人，能把大树连根拔起，建筑物吹倒，或把部分地面物卷至空中。江苏省每年几乎都有龙卷风发生，但发生的地点没有明显规律。出现的时间，一般在六七月间，有时也发生在 8 月上、中旬。

龙卷风的形成

龙卷风这种自然现象是云层中雷暴的产物。具体地说，龙卷风就是雷暴巨大能量中的一小部分在很小的区域内集中释放的一种形式。龙卷风的形成可以分为四个阶段：

（1）大气的不稳定性产生强烈的上升气流，由于急流中的最大过境气流的影响，它被进一步加强。

（2）由于与在垂直方向上速度和方向均有切变的风相互作用，上升气流在对流层的中部开始旋转，形成中尺度气旋。

（3）随着中尺度气旋向地面发展和向上伸展，它本身变细并增强。同时，一个小面积的增强辅合，即初生的龙卷在气旋内部形成，产生气旋的同样过程，形成龙卷核心。

（4）龙卷核心中的旋转与气旋中的不同，它的强度足以使龙卷一直伸展到地面。当发展的涡旋到达地面高度时，地面气压急剧下降，地面风速急剧上升，形成龙卷。

龙卷风常发生于夏季的雷雨天气时，尤以下午至傍晚最为多见。袭击范围小，龙卷风的直径一般在十几米到数百米之间。龙卷风的生存时间一般只有几分钟，最长也不超过数小时。风力特别大，破坏力极强，龙卷风经过的地方，常会发生拔起大树、掀翻车辆、摧毁建筑物等现象，有时把人吸走，危害十分严重。

龙卷风的危害

1995 年在美国俄克拉何马州阿得莫尔市发生的一场陆龙卷，诸如屋顶之类的重物被吹出几十千米之远。大多数碎片落在陆龙卷通道的左侧，按重量不等常常有很明确的降落地带。较轻的碎片可能会飞到 300 多千米外才落地。

在强烈龙卷风的袭击下，房子屋顶会像滑翔翼般飞起来。一旦屋顶被卷走后，房子的其他部分也会跟着崩解。因此，建筑房屋时，如果能加强房顶的稳固性，将有助于防止龙卷风过境时造成巨大损失。

龙卷的袭击突然而猛烈，产生的风是地面上最强的。在美国，龙卷风每年造成的死亡人数仅次于雷电。它对建筑的破坏也相当严重，经常是毁灭性的。

在 1999 年 5 月 27 日，美国得克萨斯州中部，包括首府奥斯汀在内的 4 个县遭受特大龙卷风袭击，造成至少 32 人死亡，数十人受伤。据报道，在离奥斯汀市北部 40 千米的贾雷尔镇，有 50 多所房屋倒塌，有 30 多人在龙卷风中丧生。遭到破坏的地区长达 1 千米，宽 183 米。这是继 5 月 13 日迈阿密市遭龙卷风袭击之后，美国又一遭受龙卷风的地区。

一般情况下，龙卷风是一种气旋。它在接触地面时，直径在几米到 1 千米不等，平均在几百米。龙卷风影响范围从数米到数十、上百千米，所到之处万物遭劫。龙卷风漏斗状中心由吸起的尘土和凝聚的水气组成可见的"龙嘴"。在海洋上，尤其是在热带，类似的景象在发生称为海上龙卷风。

大多数龙卷风在北半球是逆时针旋转，在南半球是顺时针，也有例外情况。龙卷风形成的确切机制仍在研究中，一般认为是与大气的剧烈活动有关。

从 19 世纪以来，天气预报的准确性大大提高，气象雷达能够监测到龙卷风、飓风等各种灾害风暴。

龙卷风的力气是很大的。1956 年 9 月 24 日上海曾发生过一次龙卷风，它轻而易举地把一个 110 吨重的大储油桶"举"到 15 米高的高空，再甩到 120 米以外的地方。

1879 年 5 月 30 日下午 4 时，在堪萨斯州北方的上空有两块又黑又浓的乌云合并在一起。15 分钟后在云层下端产生了旋涡。旋涡迅速增长，变成一根顶天立地的巨大风柱，在 3 个小时内像一条孽龙似的在整个州内胡作非为，所到之处无一幸免。但是，最奇怪的事是发生在刚开始的时候，龙卷风旋涡横过一条小河，遇上了一座峭壁，显然是无法超过这个障碍物，旋涡便折向西进，那边恰巧有一座新造的 75 米长的铁路桥。龙卷风旋涡竟将它从石桥墩上"拔"起，把它扭了几扭然后抛到水中。

▶▶▶ 知识点

龙卷风的防范措施：

（1）在家时，务必远离门、窗和房屋的外围墙壁，躲到与龙卷风方向相反的墙壁或小房间内抱头蹲下。躲避龙卷风最安全的地方是地下室或半地下室。

（2）在电杆倒、房屋塌的紧急情况下，应及时切断电源，以防止电击人体或引起火灾。

（3）在野外遭遇龙卷风时，应就近寻找低洼地伏于地面，但要远离大树、电杆，以免被砸、被压和触电。

（4）汽车外出遇到龙卷风时，千万不能开车躲避，也不要在汽车中躲避，因为汽车对龙卷风几乎没有防御能力，应立即离开汽车，到低洼地躲避。

🌱 延伸阅读

雷暴是伴有雷击和闪电的局地对流性天气。它通常伴随着滂沱大雨或冰雹，而在冬季时甚至会随暴风雪而来，因此属强对流天气系统。在古老的文明里，雷暴有着极大的影响力。

灾害性天气"寒流"

寒潮来袭

寒潮是冬季的一种灾害性天气，群众习惯把寒潮称为寒流。所谓寒潮，就是北方的冷空气大规模地向南侵袭我国，造成大范围急剧降温和偏北大风的天气过程。寒潮一般多发生在秋末、冬季、初春时节。我国气象部门规定：冷空气侵入造成的降温，一天内达到10℃以上，而且最低气温在5℃以下，则称此冷空气爆发过程为一次寒潮过程。可见，并不是每一次冷空气南下都称为寒潮。

寒潮爆发在不同的地域环境下具有不同的特点。在西北沙漠和黄土高原，表现为大风少雪，极易引发沙尘暴天气。在内蒙古草原则为大风、吹雪和低温天气。在华北、黄淮地区，寒潮袭来常常风雪交加。在东北表现为更猛烈的大风、大雪，降雪量为全国之冠。在江南常伴随着寒风苦雨。

寒潮形成的主要原因

北极地区由于太阳光照弱，地面和大气获得热量少，常年冰天雪地。到了冬天，太阳光的直射位置越过赤道，到达南半球，北极地区的寒冷程度更加增强，范围扩大，气温一般都在零下40℃～50℃以下。范围很大的冷气团聚集到一定程度，在适宜的高空大气环流作用下，就会大规模向南入侵，形成寒潮天气。

就拿我国来说，我国位于欧亚大陆的东南部。从我国往北去，就是蒙古国和俄罗斯的西伯利亚。西伯利亚是气候很冷的地方，再往北去，就到了地球最北的地区——北极了。那里比西伯利亚地区更冷，寒冷期更长。影响我国的寒潮就是从那些地方形成的。

位于高纬度的北极地区和西伯利亚、蒙古高原一带地方，一年到头受太阳光的斜射，地面接受太阳光的热量很少。尤其是到了冬天，太阳光线南移，北半球太阳光照射的角度越来越小，因此，地面吸收的太阳光热量也越来越少，地表面的温度变得很低。在冬季北冰洋地区，气温经常在-20℃以下，最低时可到-60℃～-70℃。1月份的平均气温常在-40℃以下。

寒　潮

由于北极和西伯利亚一带的气温很低，大气的密度就要大大增加，空气不断收缩下沉，使气压增高，这样，便形成一个势力强大、深厚宽广的冷高压气团。当这个冷性高压势力增强到一定程度时，就会像决了堤的海潮一样，一泻千里，汹涌澎湃地向我国袭来，这就是寒潮。

每一次寒潮爆发后，西伯利亚的冷空气就要减少一部分，气压也随之降低。但经过一段时间后，冷空气又重新聚集堆积起来，孕育着一次新的寒潮的爆发。

冷空气的源地和寒潮关键区

冷空气的源地：

（1）新地岛以西洋面上。

（2）新地岛以东洋面上。

（3）冰岛以南洋面上。

寒潮关键区：据中央气象台统计资料，95%的冷空气都要经过西伯利亚中部地区并在那里积累加强，这个地区就称为寒潮关键区。

入侵我国的寒潮主要有4条路径：①西路：从西伯利亚西部进入我国新疆，经河西走廊向东南推进；②中路：从西伯利亚中部和蒙古进入我国后，经河套地区和华中南下；③东路：从西伯利亚东部或蒙古东部进入我国东北地区，经华北地区南下；④东路加西路：东路冷空气从河套下游南下，西路冷空气从青海东南下，两股冷空气常在黄土高原东侧，黄河、长江之间汇合，汇合时造成大范围的雨雪天气，接着两股冷空气合并南下，出现大风和明显降温。

寒潮的危害

寒潮的危害有：

（1）对农作物造成冻害（秋季和春季危害最大）——强烈降温。

（2）吹翻船只，摧毁建筑物，破坏农场——大风。

（3）压断电线，折断电线杆——大雪、冻雨。

寒潮和强冷空气通常带来的大风、降温天气。寒潮大风对沿海地区威胁很大，如1969年4月21—25日那次的寒潮，强风袭击渤海、黄海以及河北、山东、河南等省，陆地风力7～8级，海上风力8～10级。此时正值天文大潮，寒潮爆发造成了渤海湾、莱州湾几十年来罕见的风暴潮。在山东北岸一带，海水上涨了3米以上，冲毁海堤50多千米，海水倒灌30～40千米。

寒潮带来的雨雪和冰冻天气对交通运输危害不小。如1987年11月下旬的一次寒潮过程，使哈尔滨、沈阳、北京、乌鲁木齐等铁路局所管辖的不少车站道岔冻结，铁轨被雪埋，通信信号失灵，列车运行受阻。雨雪过后，道路结冰打滑，交通事故明显上升。

寒潮袭来对人体健康危害很大，大风降温天气容易引发感冒、气管炎、冠心病、肺心病、中风、哮喘、心肌梗塞、心绞痛、偏头痛等疾病，有时还会使患者的病情加重。

很少被人提起的是，寒潮也有有益的影响。地理学家的研究分析表明，寒潮有助于地球表面热量交换。随着纬度增高，地球接收太阳辐射能量逐渐减弱，因此地球形成热带、温带和寒带。寒潮携带大量冷空气向热带倾泻，使地面热量进行大规模交换，这非常有助于自然界的生态保持平衡，保持物种的繁茂。

气象学家认为，寒潮是风调雨顺的保障。我国受季风影响，冬天气候干旱，为枯水期。但每当寒潮南侵时，常会带来大范围的雨雪天气，缓解了冬天的旱情，使农作物受益，所谓瑞雪兆丰年吧！

民间有种说法是"寒冬不寒，来年不丰"，这同样有其科学道理。农作物病虫害防治专家认为，寒潮带来的低温，是目前最有效的天然"杀虫剂"，可大量杀死潜伏在土中过冬的害虫和病菌，或抑制其滋生，减轻来年的病虫害。据各地农技站调查数据显示，凡大雪封冬之年，农药可节省60%以上。

寒潮还可带来风资源。科学家认为，风是一种无污染的宝贵动力资源。举世瞩目的日本宫古岛风能发电站，寒潮期的发电效率是平时的1.5倍。

寒潮的东西长度可达几百千米到几千千米，但其厚度一般只有二三千米。寒潮的移动速度为每小时几十千米，与火车的速度差不多。

➡️ **知识点**

有关寒潮的预防：

（1）当气温发生骤降时，要注意添衣保暖，特别是要注意手、脸的保暖。

（2）关好门窗，固定好室外搭建物。

（3）外出当心路滑跌倒。

（4）老弱病人，特别是心血管病人、哮喘病人等对气温变化敏感的人群尽量不要外出。

（5）注意休息，不要过度疲劳。

（6）提防煤气中毒，尤其是采用煤炉取暖的家庭更要提防。

（7）应加强天气预报，提前发布准确的寒潮消息或警报。

🌱 **延伸阅读**

"瑞雪兆丰年"这句农谚为什么能在民间千古流传？这是因为雪水中的氮化物含量高，是普通水的 5 倍以上，可使土壤中氮素大幅度提高。雪水还能加速土壤有机物质分解，从而增加土中有机肥料。大雪覆盖在越冬农作物上，就像棉被一样起到抗寒保温作用。

"风暴海啸" 风暴潮

灾害性的风暴潮

风暴潮是一种灾害性的气象现象。由于剧烈的大气扰动，如强风和气压骤变（通常指台风和温带气旋等灾害性天气系统）导致海水异常升降，使受其影响的海区的潮位大大地超过平常潮位的现象，称为风暴潮。又可称"风暴增水"、"风暴海啸"、"气象海啸"或"风潮"。

风暴潮根据风暴的性质，通常分为由台风引起的台风风暴潮和由温带气旋引起的温带风暴潮两大类。

　　台风风暴潮，多见于夏秋季节。其特点是：来势猛、速度快、强度大、破坏力强。凡是有台风影响的海洋国家、沿海地区均有台风风暴潮发生。

　　温带风暴潮，多发生于春秋季节，夏季也时有发生。其特点是：增水过程比较平缓，增水高度低于台风风暴潮。主要发生在中纬度沿海地区，以欧洲北海沿岸、美国东海岸以及我国北方海区沿岸为多。

风暴潮成灾因素

　　风暴潮能否成灾，在很大程度上取决于其最大风暴潮位是否与天文潮高潮相叠，尤其是与天文大潮期的高潮相叠。当然，也决定于受灾地区的地理位置、海岸形状、岸上及海底地形，尤其是滨海地区的社会及经济（承灾体）情况。如果最大风暴潮位恰与天文大潮的高潮相叠，则会导致发生特大潮灾，如 8923 和 9216 号台风风暴潮。1992 年 8 月 28 日至 9 月 1 日，受第 16 号强热带风暴和天文大潮的共同影响，我国东部沿海发生了 1949 年以来影响范围最广、损失非常严重的一次风暴潮灾害。潮灾先后波及福建、浙江、上海、江苏、山东、天津、河北和辽宁等省、市。风暴潮、巨浪、大风、大雨的综合影响，使南自福建东山岛，北到辽宁省沿海的近万千米的海岸线，遭受到不同程度的袭击。受灾人口达 2 000 多万，死亡 194 人，毁坏海堤 1 170 千米，受灾农田 193.3 万公顷，成灾 33.3 万公顷，直接经济损失 90 多亿元。

　　当然，如果风暴潮位非常高，虽然未遇天文大潮或高潮，也会造成严重潮灾。8007 号台风风暴潮就属于这种情况。当时正逢天文潮平潮，由于出现了 5.94 米的特高风暴潮位，仍造成了严重风暴潮灾害。依国内外风暴潮专家的意见，一般把风暴潮灾害划分为 4 个等级，即特大潮灾、严重潮灾、较大潮灾和轻度潮灾。

风暴潮历史灾害

　　风暴潮灾害居海洋灾害之首位，世界上绝大多数因强风暴引起的特大海岸灾害都是由风暴潮造成的。

　　在孟加拉湾沿岸，1970 年 11 月 13 日发生了一次震惊世界的热带气旋风暴潮灾害。这次风暴增水超过 6 米的风暴潮夺去了恒河三角洲一带 30 万人的生命，溺死牲畜 50 万头，使 100 多万人无家可归。1991 年 4 月的又一次特大风暴潮，在有了热带气旋及风暴潮警报的情况下，仍然夺去了 13 万人的生命。1959 年 9 月 26 日，日本伊势湾顶的名古屋一带地区，遭受了日本历史上最严重的风暴潮灾害。最大风暴增水曾达 3.45 米，最高潮位达 5.81 米。

当时，伊势湾一带沿岸水位猛增，暴潮激起千层浪，汹涌地扑向堤岸，防潮海堤短时间内即被冲毁。造成了 5 180 人死亡，伤亡合计 7 万余人，受灾人口达 150 万，直接经济损失 852 亿日元（1959 年价）。

风暴潮

美国也是一个频繁遭受风暴潮袭击的国家，并且和我国一样，既有飓（台）风风暴潮又有温带大风风暴潮。1969 年登陆美国墨西哥湾沿岸的"卡米尔"飓风风暴潮曾引起了 7.5 米的风暴潮，这是迄今为止世界第一位的风暴潮纪录。历史上，荷兰曾不止一次被海水淹没，又不止一次地从海洋里夺回被淹没的土地。这些被防潮大堤保护的土地约占荷兰全部国土的 3/4。荷兰、英国、俄罗斯波罗的海沿岸、美国东北部海岸和中国的渤海，都是温带风暴潮的易发区域。

中国历史上，由于风暴潮灾造成的生命财产损失触目惊心。1782 年清代的一次强温带风暴潮，曾使山东省无棣至潍县等 7 个县受害。1895 年 4 月 28、29 日，渤海湾发生风暴潮，毁掉了大沽口几乎全部建筑物，整个地区变成一片泽国，"海防各营死者 2 000 余人"。

1922 年 8 月 2 日一次强台风风暴潮袭击了汕头地区，造成特大风暴潮灾。据史料记载和我国著名气象学家竺可桢先生考证，有 7 万余人丧生，更多的人无家可归流离失所。这是 20 世纪以来我国死亡人数最多的一次风暴潮灾害。据《潮州志》载，台风"震山撼岳，拔木发屋，加以海汐骤至，暴雨倾盆，平地水深丈余，沿海低下者且数丈，乡村多被卷入海涛中"。"受灾尤烈者，如澄海之外沙，竟有全村人命财产化为乌有"。该县有个 1 万多人的村庄，死于这次风暴潮灾的竟达 7 000 多人。当地政府对此不闻不问，结果疫病横行，又死了 2 000 多人。记录到的这次风暴潮值为 3.65 米，台风风力超过了 12 级。

据统计，汉代至公元 1946 年的 2 000 年间，我国沿海共发生特大潮灾 576 次，一次潮灾的死亡人数少则成百上千，多则上万及至 10 万之多。

在近 40 多年中，我国曾多次遭到风暴潮的袭击，也造成了巨大的经济损失和人员伤亡。1956年第12号强台风引起的特大风暴潮，使浙江省淹没农田40万亩，死亡人数4 629人。1969年第3号强台风登陆广东惠来，造成汕头地区特大风暴潮灾，汕头市进水，街道漫水1.5～2米，牛田洋大堤被冲垮。在当地政府及军队奋力抢救下，仍有1 554人丧生，但较1922年同一地区相同强度的风暴潮，死亡人数减少了98%。1964年4月5日发生在渤海的温带气旋风暴潮，使海水涌入陆地20～30千米，造成了1949年以来渤海沿岸最严重的风暴潮灾。黄河入海口受潮水顶托，浸溢为患，加重了灾情，莱州湾地区及黄河口一带人民生命财产损失惨重。1969年4月23日，同一地区的温带风暴潮使无棣至昌邑、莱州的沿海一带海水内侵达30～40千米。

尽管沿海人口急剧增加，但死于潮灾的人数已明显减少，这不能不归功于我国社会制度的优越和风暴潮预报警报的成功。但随着濒海城乡工农业的发展和沿海基础设施的增加，承灾体的日趋庞大，每次风暴潮的直接和间接损失却正在加重。据统计，中国风暴潮的年均经济损失已由20世纪50年代的1亿元左右，增至20世纪80年代后期的平均每年约20亿元，20世纪90年代前期的每年平均76亿元，1992和1994年分别达到93.2和157.9亿元，风暴潮正成为沿海对外开放和社会经济发展的一大制约因素。

知识点

据统计，1949—1993年的45年中，我国共发生最大增水超过1米的台风风暴潮269次，其中风暴潮位超过2米的49次，超过3米的10次。共造成了特大潮灾14次，严重潮灾33次，较大潮灾17次和轻度潮灾36次。另外，我国渤、黄海沿岸1950—1993年共发生最大增水超过1米的温带风暴潮547次，其中风暴潮位超过2米的57次，超过3米的3次。造成严重潮灾4次，较大潮灾6次和轻度潮灾61次。

延伸阅读

由天文因素影响所产生潮汐称天文潮。天文潮是地球上海洋受月球和太阳引潮力作用所产生的潮汐现象。它的高潮和低潮潮位和出现时间具有规律性，可以根据月球、太阳和地球在天体中相互运行的规律推算和预报。由月球引力产生的称为"太阴潮"；由太阳引力产生的称为"太阳潮"。因月球与地球的距离较近，月球引潮力为太阳引潮力的数倍。故海洋潮汐现象以太阴潮为主。

破坏性海浪海啸

强大破坏力的海浪

海啸是一种具有强大破坏力的海浪。水下地震、火山爆发或水下塌陷和滑坡等大地活动都可能引起海啸。当地震发生于海底，因震波的动力而引起海水剧烈的起伏，形成强大的波浪，向前推进，将沿海地带——淹没的灾害，被称为海啸。

海啸在许多西方语言中称为"tsunami"，词源自日语"津波"，即"港边的波浪"（"津"即"港"）。这也显示了日本是经常遭受海啸袭击的国家。目前，人类对地震、火山、海啸等突如其来的灾变，只能通过观察、预测来预防或减少它们所造成的损失，但还不能阻止它们的发生。

海啸通常由震源在海底下 50 千米以内、里氏地震规模 6.5 以上的海底地震引起。海啸波长比海洋的最大深度还要大，在海底附近传播也没受多大阻滞，不管海洋深度如何，波都可以传播过去，海啸在海洋的传播速度大约每小时 500～1 000 千米，而相邻两个浪头的距离也可能远达 500～650 千米，当海啸波进入陆棚后，由于深度变浅，波高突然增大，它的这种波浪运动所卷起的海涛，波高可达数十米，并形成"水墙"。

由地震引起的波动与海面上的海浪不同，一般海浪只在一定深度的水层波动，而地震所引起的水体波动是从海面到海底整个水层的起伏。此外，海底火山爆发，土崩及人为的水底核爆也能造成海啸。此外，陨石撞击也会造成海啸，"水墙"可达数十米。而且陨石造成的海啸在任何水域都有机会发生，不一定在地震带。不过陨石造成的海啸可能千年才会发生一次。

海啸同风产生的浪或潮的差异

海啸同风产生的浪或潮是有很大差异的。微风吹过海洋，泛起相对较短的波浪，相应产生的水流仅限于浅层水体。猛烈的大风能够在辽阔的海洋卷起高度 3 米以上的海浪，但也不能撼动深处的水。而潮汐每天席卷全球两次，它产生的海流跟海啸一样能深入海洋底部，但是海啸并非由月亮或太阳的引力引起，它由海下地震推动所产生，或由火山爆发、陨星撞击、或水下滑坡所产生。海啸波浪在深海的速度能够超过每小时700千米，可轻松地与波音747飞机保持同步。虽然速度快，但在深水中海啸并不危险，低于几米的一次单个波浪在开阔的海洋中其长度可超过750千米。这种作用产生的海表倾斜如此之细微，以致这种波浪通常在深水中不经意间就过去了。海啸是静悄悄地不知不觉地通过海洋，然而如果进入浅水中则会达到灾难性的高度。

地震发生时，海底地层发生断裂，部分地层出现猛然上升或者下沉，由此造成从海底到海面的整个水层发生剧烈"抖动"。这种"抖动"与平常所见到的海浪大不一样。海浪一般只在海面附近起伏，涉及的深度不大，波动的振幅随水深衰减很快。地震引起的海水"抖动"则是从海底到海面整个水体的波动，其中所含的能量十分惊人。

海啸时掀起的狂涛骇浪，高度可达10多米至几十米不等，形成"水墙"。另外，海啸波长很大，可以传播几千千米而能量损失很小。由于以上原因，如果海啸到达岸边，"水墙"就会冲上陆地，对人类生命和财产造成严重威胁。

知识点

　　震波：地震时所发生的现象。震波属于紊流的一种传播形式。如同其他通常形式下的波动，震波也可以通过介质传输能量。在某些不存在物理介质的特殊情况下，震波可以通过场，如电磁场来传输能量。

延伸阅读

　　断裂，指岩层被断错或发生裂开。据其发育的程度和两侧的岩层相对位错的情况把断裂分为3类。一类叫劈理，是微细的断裂变动，还没有明显破坏岩石的连续性。第二类称节理，是岩层发生了裂开但两盘岩石没有发生明显的相对位移的断裂变动。如果断裂两盘的岩石已发生了明显的相对位移，则称断层，是最严重的一类断裂。

海洋杀手热带风暴

巨大空气旋涡

热带风暴是发生于热带洋面上的巨大空气旋涡，它急速旋转像个陀螺，美洲人叫它"飓风"，澳洲称它"威力"，气象学上则称它为"热带气旋"或"热带风暴"。热带风暴每年在全世界造成的损失高达 60 亿～70 亿美元，它所引发的风暴潮、暴雨、洪水、暴风所造成的生命损失占所有自然灾害的 60%。

濒临中国的西北太平洋，是世界上最不平静的海洋，属于自然灾害的"重灾区"。每年盛夏和初秋，中国东南沿海一带，经常遭受热带风暴的侵袭。其中造成灾害的热带风暴每年近 20 次，相当于美国的 4 倍，俄罗斯的 30 倍。热带风暴是我国沿海地区危害程度最严重的灾害性天气。

热带风暴发源于热带洋面。因为那里温度高、湿度大，又热又湿的空气大量上升到高空，凝结成雨，并释放出大量热能，再次加热了洋面的空气；洋面又蒸发出大量水汽，上升到高空。这样往返循环，便渐渐形成了一个中心气压很低，大量空气向低压区汇集的气旋中心。

热带风暴高度一般在 9 千米以上。热带风暴最大风速一般为每秒 40～60 米，个别强热带风暴可达每秒 110 米。一次热带风暴过程，降雨量可达 200～300 毫米，有时高达 1 000 毫米。因此热带风暴经过之处常常出现狂风暴雨，并引起洪涝灾害。发生在 1975 年的第 3 号热带风暴，使中国东部 10 多个省出现暴雨洪水。河南省受灾最严重，暴雨中心恰好位于两座水库上游，导致水库溃坝，高达 10 多米的水舌像巨龙一样倾泻，大量农田、村舍被淹，京广铁路被冲毁百余千米，造成很大的人畜伤亡。

近年来，中国在海洋灾害的研究和预测方面已进入了国际先进行列，沿海岸边和岛屿已建成 280 个验潮站，成为世界上监潮站网分布密度最高的国家之一，并且多次成功地发布了强风暴潮警报，对防灾抗灾起到了重要作用。

热带风暴的成因

热带风暴是热带气旋的一种，是指中心最大风力达 8～9 级（17.2～

24.4米/秒）的热带气旋。产生基本条件如下。

（1）首先要有足够广阔的热带洋面，这个洋面不仅要求海水表面温度要高于26.5℃，而且在60米深的一层海水里，水温都要超过这个数值。其中广阔的洋面是形成热带风暴时的必要自然环境，因为热带风暴内部空气分子间的摩擦，每天平均要消耗3 100～4 000卡/厘米²的能量，这个巨大的能量只有广阔的热带海洋释放出的潜热才可能供应。另外，热带气旋周围旋转的强风，会引起中心附近的海水翻腾，在气压降得很低的热带风暴中心甚至可以造成海洋表面向上涌起，继而又向四周散开，于是海水从热带风暴中心向四周围翻腾。热带风暴里这种海水翻腾现象能影响到60米的深度。在海水温度低于26.5℃的海洋面上，因热能不够，热带风暴很难维持。为了确保在这种翻腾作用过程中，海面温度始终在26.5℃以上，这个暖水层必须有60米左右的厚度。

（2）在热带风暴形成之前，预先要有一个弱的热带涡旋存在。我们知道，任何一部机器的运转，都要消耗能量，这就要有能量来源。热带风暴也是一部"热机"，它以如此巨大的规模和速度在那里转动，要消耗大量的能量，因此要有能量来源。热带风暴的能量是来自热带海洋上的水汽。在一个事先已经

热带风暴来袭

存在的热带涡旋里，涡旋内的气压比四周低，周围的空气挟带大量的水汽流向涡旋中心，并在涡旋区内产生向上运动；湿空气上升，水汽凝结，释放出巨大的凝结潜热，才能促使热带风暴这部大机器运转。所以，即使有了高温高湿的热带洋面供应水汽，如果没有空气强烈上升，产生凝结释放潜热过程，热带风暴也不可能形成。所以，空气的上升运动是生成和维持热带风暴的一个重要因素。然而，其必要条件则是先存在一个弱的热带涡旋。

（3）要有足够大的地球自转偏向力，因赤道的地转偏向力为零，而向两极逐渐增大，故热带风暴发生地点大约离开赤道5个纬度以上。由于地球的自转，便产生了一个使空气流向改变的力，称为"地球自转偏向力"。在旋

转的地球上，地球自转的作用使周围空气很难直接流进低气压，而是沿着低气压的中心作逆时针方向旋转（在北半球）。

（4）在弱低压上方，高低空之间的风向风速差别要小。在这种情况下，上下空气柱一致行动，高层空气中热量容易积聚，从而增暖。气旋一旦生成，在摩擦层以上的环境气流将沿等压线流动，高层增暖作用也就能进一步完成。在20°以北地区，气候条件发生了变化，主要是高层风很大，不利于增暖，热带风暴不易出现。

热带风暴的受灾地域

2007年11月"锡德"的超级气旋致孟加拉国沿岸800多万人受灾，4 000多人死亡或失踪，损失23亿多美元。

2005年10月热带风暴"斯坦"在墨西哥南部、危地马拉、萨尔瓦多、尼加拉瓜和洪都拉斯等地引起暴雨、洪水泛滥和山体滑坡，至少造成2 000人死亡。

2005年8月"卡特里娜"飓风在美国南部沿海地区造成1 300多人死亡，100多万人无家可归。

2004年12月7.9级强烈地震，引发海啸，印尼亚齐地区沿岸国家23万人死亡或失踪，50万人无家可归，举世震惊。

2004年9月热带风暴"珍妮"在海地造成3 000多人死亡，海地北部城市陷入一片汪洋。

1998年10月飓风"米奇"致中美洲9 000多人死亡，大多数人葬身于可怕的泥石流之中。

1991年4月热带风暴在孟加拉国引发洪水泛滥，造成大约13.8万人死亡。

1991年11月热带风暴菲律宾造成6 000多人丧生。

1970年飓风"波罗"在孟加拉国造成50万人死亡，是该国历史上最严重的风暴灾害。

2008年5月6日缅甸国家媒体报道称，缅甸政府已确认，热带风暴"纳尔吉斯"已造成22 500人死亡，另有41 000人失踪。

知识点

　　气旋是指北（南）半球，大气中水平气流呈逆（顺）时针旋转的大型涡旋。在同高度上，气旋中心的气压比四周低，又称低压。它在等高面图上表现为闭合等压线所包围的低气压区，在等压面图上表现为闭合等高线所包围的低值区。气旋近似于圆形或椭圆形，大小悬殊。小气旋的水平尺度为几百千米，大的可达三四千千米，属天气尺度天气系统。气旋中，天气常发生剧烈的变化，是人们最关心和最早研究的天气系统。

延伸阅读

　　水平地转偏向力亦称地偏力，因为地球自转而产生的以地球经纬网为参照系的力。地转偏向是科氏力（科里奥利力）在沿地球表面方向的一个分力。是常被引入的第3类惯性力，前两类为平动惯性力和惯性离心力，当物体相对做匀速圆周运动的参考系有速度时，引入此力，由于比较复杂，很少被讲到，所以经常被人遗忘。

无情的大旱灾

美国大旱灾

　　2009年2月，美国加州州长施瓦辛格宣布遭受严重干旱的加州进入紧急状态，他要求加州居民减少20%的用水量。这次干旱的严重程度堪比一次强烈地震或一场严重山林大火。

　　连续3年干旱已经导致加州储水量降至1992年以来的最低点。尽管2009年2月份加州经历了数次暴雨，西南部内华达山脉的积雪和北加州水库蓄水量有所增加，但仍低于正常水平，不足以缓解全加州的严重干旱。

　　施瓦辛格在一份声明中要求，城市用水者需加大贮水力度，有关方面要削减绿化灌溉用水量，包括高速公路两侧的绿化用水。州长估计当年加州因干旱造成的直接经济损失接近30亿美元，其中农业损失高达20亿美元。

因干旱龟裂的大地

受气候特点影响，加州北部雨量较充沛，但人口稠密的中部和南部地区却干旱少雨。20世纪中叶，加州实施"北水南调"工程，通过输送灌溉用水，干旱的中部山谷地区出现万顷良田，加州因此成为美国第一大农业州。

美国联邦农垦局官员宣布，由于水库蓄水量严重不足，只得停止向加州部分农业区的供水。加州农业部门官员警告，干旱导致农场主被迫闲置农田，数以千计的农业工人被迫失业，干旱将导致农作物产量减少，灌溉成本增加，因此加州出产的粮食、蔬菜和水果等农产品价格将上涨。

洛杉矶市长维拉莱戈萨已经要求提高居民用水价格并限制户外绿化灌溉用水，以便应对即将到来的夏季用水高峰。

旱灾及其形成

旱灾指因气候严酷或不正常的干旱而形成的气象灾害。一般指因土壤水分不足，农作物水分平衡遭到破坏而减产或歉收从而带来粮食问题，甚至引发饥荒。同时，旱灾亦可令人类及动物因缺乏足够的饮用水而致死。

此外，旱灾后则容易发生蝗灾，进而引发更严重的饥荒，导致社会动荡。土壤水分不足，不能满足牧草等农作物生长的需要，造成较大的减产或绝产的灾害。旱灾是普遍性的自然灾害，不仅农业受灾，严重的还影响到工业生产、城市供水和生态环境。中国通常将农作物生长期内因缺水而影响正常生长称为受旱，受旱减产三成以上称为成灾。经常发生旱灾的地区称为易旱地区。

易旱的地区

旱灾的形成主要取决于气候。通常将年降水量少于 250 毫米的地区称为干旱地区，年降水量为 250～500 毫米的地区称为半干旱地区。世界上干旱地区约占全球陆地面积的 25%，大部分集中在非洲撒哈拉沙漠边缘，中东和西亚，北美西部，澳洲的大部和中国的西北部。这些地区常年降雨量稀少而且蒸发量大，农业主要依靠山区融雪或者上游地区来水，如果融雪量或来水量减少，就会造成干旱。世界上半干旱地区约占全球陆地面积的 30%，包括非洲北部一些地区，欧洲南部，西南亚，北美中部以及中国北方等。这些地区降雨较少，而且分布不均，因而极易造成季节性干旱，或者常年干旱甚至连续干旱。

中国大部属于亚洲季风气候区，降水量受海陆分布、地形等因素影响，在区域间、季节间和多年间分布很不均衡，因此旱灾发生的时期和程度有明显的地区分布特点。秦岭淮河以北地区春旱突出，有"十年九春旱"之说。黄淮海地区经常出现春夏连旱，甚至春夏秋连旱，是全国受旱面积最大的区域。长江中下游地区主要是伏旱和伏秋连旱，有的年份虽在梅雨季节，还会因梅雨期缩短或少雨而形成干旱。西北大部分地区、东北地区西部常年受旱。西南地区春夏旱对农业生产影响较大，四川东部则经常出现伏秋旱。华南地区旱灾也时有发生。

1950 年到 1986 年我国平均每年受旱面积 3 亿亩，成灾 1.1 亿亩。干旱严重的 1959 年、1960 年、1961 年、1972 年、1978 年和 1986 年全国受旱面积都超过 4.5 亿亩，且成灾面积超过 1.5 亿亩。1972 年北方大范围少雨，春夏连旱，灾情严重，南方部分地区伏旱严重，全国受旱面积 4.6 亿亩，成灾 2 亿亩。1978 年全国受旱范围广、持续时间长，旱情严重，一些省份 1—10 月的降水量比常年少 30%～70%，长江中下游地区的伏旱最为严重，全国受旱面积 6 亿亩，成灾面积 2.7 亿亩，是有统计资料以来的最高值。

美国佛罗里达、路易斯安那、得克萨斯与新墨西哥等州，在 1998 年的 4—6 月遭遇 104 年来最为严重的干旱期；墨西哥极度干旱，有 7 个州先后发生了近百起森林火灾，巴拿马山现了近 84 年来最严重的干旱；2006 年 1—4 月，非洲东部由于雨水不足，遭遇严重干旱，导致农作物颗粒无收，大量牲畜死亡，饮用水短缺。

知识点

防旱与抗旱：自然界的干旱是否造成灾害，受多种因素影响，对农业生产的危害程度则取决于人为措施。世界范围各国防止干旱的主要措施是：①兴修水利，发展农田灌溉事业；②改进耕作制度，改变作物构成，选育耐旱品种，充分利用有限的降雨；③植树造林，改善区域气候，减少蒸发，降低干旱风的危害；④研究应用现代技术和节水措施，例如人工降雨、喷滴灌、地膜覆盖、保墒，以及暂时利用质量较差的水源，包括劣质地下水以至海水等。

延伸阅读

旱灾在世界范围内有普遍性。波及范围最广、影响最为严重的一次旱灾，是20世纪60年代末期在非洲撒哈拉沙漠周围一些国家发生的大旱。20世纪80年代初期，遍及34个国家，近1亿人口遭受饥饿的威胁。

泛滥成灾的洪水

涝灾的危害性

2008年6月美国艾奥瓦州迎来有史以来最大规模的洪水泛滥，艾奥瓦州为受灾最重地区。到6月13日，洪水已造成3 000余户居民被迫撤离，至少15人死亡，经济损失预计达数十亿美元。艾州国土安全与紧急事务署称灾情"500年一遇"。

锡达拉皮兹市是艾州受灾最重之地，总人口12.4万。洪水12日漫过当地一座防洪堤，迫使一所医院内176名病人紧急转移。洪水涌入市内，3 000多户锡达拉皮兹市市民离家逃往高处避险。至少438处民居遭水浸泡。

艾州州长切特·卡尔弗当天宣布，全州99个郡中有83个进入灾情状态；9条主要河流水位超过历史最高水平。初步估计，这场灾难给艾州带来的损失达数十亿美元。

锡达拉皮兹市消防部门发言人戴维·科齐曾预测，作为密西西比河支流，锡达河水位 13 日将到达峰值，约为 9.7 米，将创下 157 年以来最高纪录。

锡达拉皮兹市已发生饮用水告急。消防部门发言人科齐说，市内原本有六七口井，如今只剩一口井可以使用。

人们在这口井附近堆起沙包以抵挡洪流，并用机器从井中抽取净水。"要是连这口井也无法使用，我们就会陷入麻烦。"科齐说。

与此同时，锡达拉皮兹市内大约 5 500 名市民陷入停电危机。电力公司声称，正尽力保护电力设施免遭进一步破坏，而这些市民可能还得在黑暗中生活一星期左右。

洪涝灾害

洪灾暴发地点恰是美国大豆和玉米的重要产区。受灾情影响，这两种农产品期货价格上涨，令原本已经供求关系紧张的国际粮食市场再添阴云。

美联社说，芝加哥期货交易所 7 月交货的玉米期货价格 13 日涨至每蒲式耳 7.09 美元，而 7 月交货的大豆期货价格收于每蒲式耳 15.365 美元。

什么是涝灾

什么是涝灾？涝灾就是由于本地降水过多，地面径流不能及时排出，农田积水超过作物耐淹能力，造成农业减产的灾害。造成农作物减产的原因是，积水深度过大，时间过长，使土壤中的空气相继排出，造成作物根部氧气不足，根系部呼吸困难，并产生乙醇等有毒有害物质，从而影响作物生长，甚至造成作物死亡。

洪涝灾害具有双重属性，既有自然属性，又有社会经济属性。它的形成必须具备两方面条件：第一，自然条件：洪水是形成洪水灾害的直接原因。只有当洪水自然变异强度达到一定标准，才可能出现灾害。主要影响因素有地理位置、气候条件和地形地势。第二，社会经济条件：只有当洪水发生在有人类活动的地方才能成灾。受洪水威胁最大的地区往往是江河中下游地区，而中下游地区因其水源丰富、土地平坦又常常是经济发达地区。

从洪涝灾害的发生机制来看，洪涝具有明显的季节性、区域性和可重复性。如我国长江中下游地区的洪涝几乎全部都发生在夏季，并且成因也基本上相同，而在黄河流域则有不同的特点。

同时，洪涝灾害具有很大的破坏性和普遍性。洪涝灾害不仅对社会有害，甚至能够严重危害相邻流域，造成水系变迁。并且，在不同地区均有可能发生洪涝灾害，包括山区、滨海、河流入海口、河流中下游以及冰川周边地区等。

但是，洪涝仍具有可防御性。人类不可能彻底根治洪水灾害，但通过各种努力，可以尽可能地缩小灾害的影响。

知识点

涝灾的分类：

洪涝：洪涝灾害可分为洪水、涝害、湿害。

洪水：大雨、暴雨引起山洪暴发、河水泛滥、淹没农田、毁坏农业设施等。

涝害：雨水过多或过于集中或返浆水过多造成农田积水成灾。

湿害：洪水、涝害过后排水不良，使土壤水分长期处于饱和状态，作物根系缺氧而成灾。

延伸阅读

我国是洪水灾害频仍的国家。据史书记载，从公元前206年至公元1949年中华人民共和国成立的2 155年间，大水灾就发生了1 029次，几乎每两年就有一次。相传在四五千年前的原始社会末期，中国中原大地上发生过一次特别大的洪水。洪水淹没了土地，冲毁了庄稼，房屋倒塌，人畜死亡，到处是白茫茫的水波，活着的人纷纷跑到丘陵或山上去避难。这时有位治水的英雄叫大禹，传说他三过家门而不入。他象征了中国人民战胜水害的顽强斗争精神。

咆哮而来的沙尘暴

沙尘暴带来的灾难

沙尘暴天气主要发生在春末夏初季节，这是由于冬春季干旱区降水甚少，地表异常干燥松散，抗风蚀能力很弱，在有大风刮过时，就会将大量沙尘卷入空中，形成沙尘暴天气。

从全球范围来看，沙尘暴天气多发生在内陆沙漠地区，源地主要有非洲的撒哈拉沙漠，北美中西部和澳大利亚也是沙尘暴天气的源地之一。1933—1937年由于严重干旱，在北美中西部就产生过著名的碗状沙尘暴。亚洲沙尘暴活动中心主要在约旦沙漠、巴格达与海湾北部沿岸之间的下美索不达米亚、阿巴斯附近的伊朗南部海滨，俾路支到阿富汗北部的平原地带。中亚地区的哈萨克斯坦、乌兹别克斯坦及土库曼斯坦都是沙尘暴频繁（≥15次/年）影响区，但其中心在里海与咸海之间沙质平原及阿姆河一带。

我国西北地区由于独特的地理环境，也是沙尘暴频繁发生的地区，主要源地有古尔班通古特沙漠、塔克拉玛干沙漠、巴丹吉林沙漠、腾格里沙漠、乌兰布和沙漠和毛乌素沙漠等。

从1999年到2002年春季，我国境内共发生53次（1999年9次，2000年14次，2001年18次，2002年12次）沙尘天气，其中有33次起源于蒙古国中南部戈壁地区，换句话说，就是每年肆虐我国的沙尘，约有六成来自境外。分析表明：2/3的沙尘天气起源于蒙古国南部地区，在途经我国北方时得到沙尘物质的补充而加强；境内沙源仅为1/3左右。发生在中亚（哈萨克斯坦）的沙尘天气，不可能影响我国西北地区东部乃至华北地区。新疆南部的塔克拉玛干沙漠是我国境内的沙尘天气高发区，但一般不会影响到西北地区东部和华北地区。我国的沙尘天气路径可分为西北路径、偏西路径和偏北路径：西北1路路径，沙尘天气一般起源于蒙古高原中西部或内蒙古西部的阿拉善高原，主要影响我国西北、华北；西北2路路径，沙尘天气起源于蒙古国南部或内蒙古中西部，主要影响西北地区东部、华北北部、东北大部；偏西路径，沙尘大气起源于蒙古国西南部或南部的戈壁地区、内蒙古西部的沙漠地区，主要影响我国西北、华北；偏北路径，沙尘天气一般起源于蒙古国乌兰巴托以南的广大地区，主要影响西北地区东部、华北大部和东北南部。

沙尘暴天气成因

（1）土壤风蚀

通过实验，专家们发现，土壤风蚀是沙尘暴发生发展的首要环节。风是土壤最直接的动力，其中气流性质、风速大小、土壤风蚀过程中风力作用的相关条件等是最重要的因素。另外土壤含水量也是影响土壤风蚀的重要原因之一。植物措施是防治沙尘暴的有效方法之一。专家认为植物通常以3种形式来影响风蚀：分散地面上一定的风动量、减少气流与沙尘之间的传递、阻止土壤、沙尘等的运动。

此外，沙尘暴发生不仅是特定自然环境条件下的产物，而且与人类活动有对应关系。人为过度放牧、滥伐森林植被，工矿交通建设尤其是人为过度垦荒破坏地面植被，扰动地面结构，形成大面积沙漠化土地，直接加速了沙尘暴的形成和发育。

（2）大气环流

就如同上帝在玩一个匪夷所思的游戏：大气环流形成的极地高压带把中国西北部和中亚地区沙漠和戈壁表面的沙尘抓起来往东南方向抛去，任凭沙尘落下的地方渐渐堆积起一块高地。这个游戏从大约240万年以前就开始了，上帝至今乐此不疲（2002年《自然》杂志发表了中国学者的最新研究成果，把其开始的时间推到了2200万年前）。

沙尘暴袭来的一刻

事实上，风就是上帝抛沙的那只手。

印度板块向北移动与亚欧板块碰撞之后，印度大陆的地壳插入亚洲大陆的地壳之下，并把后者顶托起来。从而喜马拉雅地区的浅海消失了，喜马拉雅山开始形成并渐升渐高，青藏高原也被印度板块的挤压作用隆升起来。这个过程持续6 000多万年以后，到了距今大约240万年前，青藏高原已有2 000多米高了。

地表形态的巨大变化直接改变了大气环流的格局。在此之前，中国大陆的东边是太平洋，北边的西伯利亚地区和南边喜马拉雅地区分别被浅海占据着，西边的地中海在当时也远远伸入亚洲中部，所以平坦的中国大陆大部分都能得到充足的海洋暖湿气流的滋润，气候温暖而潮湿。中国西北部和中亚内陆大部分为亚热带地区，并没有出现大范围的沙漠和戈壁。

然而东西走向的喜马拉雅山挡住了印度洋暖湿气团的向北移动，久而久之，中国的西北部地区越来越干旱，渐渐形成了大面积的沙漠和戈壁。这里就是堆积起了黄土高原的那些沙尘的发源地。体积巨大的青藏高原正好耸立在北半球的西风带中，240万年以来，它的高度不断增长着。青藏高原的宽度约占西风带的1/3，把西风带的近地面层分为南北两支。南支沿喜马拉雅山南侧向东流动，北支从青藏高原的东北边缘开始向东流动，这支高空气流常年存在于3 500~7 000米的高空，成为搬运沙尘的主要动力。与此同时，由于青藏高原隆起，东亚季风也被加强了，从西北吹向东南的冬季风与西风急流一起，在中国北方制造了一个黄土高原。

在中国西北部和中亚内陆的沙漠和戈壁上，由于气温的冷热剧变，这里的岩石比别处能更快地崩裂瓦解，成为碎屑，地质学家按直径大小依次把它们分成砾（大于2毫米）、沙（2~0.05毫米）、粉沙（0.05~0.005毫米）、黏土（小于0.005毫米）。黏土和粉沙颗粒能被带到3 500米以上的高空，进入西风带，被西风急流向东南方向搬运，直至黄河中下游一带才逐渐飘落下来。

二三百万年以来，亚洲的这片地区从西北向东南搬运沙土的过程从来没有停止过，沙土大量下落的地区正好是黄土高原所在的地区，连五台山、太行山等华北许多山的顶上都有黄土堆积。当然，中国北部包括黄河在内的几条大河以及数不清的沟谷对地表的冲刷作用与黄土的堆积作用正好相反，否则的话，黄土高原一定不会是现在这样，厚度不超过409.93米。太行山以东的华北平原也是沙土的沉降区，但是这里是一个不断下沉的区域，同时又发育了众多河流，所以落下来的沙子要么被河流冲走，要么就被河流所带来的泥沙埋葬了。

中国古籍里有上百处关于"雨土"、"雨黄土"、"雨黄沙"、"雨霾"的记录，最早的"雨土"记录可以追溯到公元前1150年：天空黄雾四塞，沙土从天而降如雨。这里记录的其实就是沙尘暴。

雨土的地点主要在黄土高原及其附近。古人把这类事情看成是奇异的灾变现象，相信这是"天人感应"的一种征兆。晋代张华编的《博物志》中就记有："夏桀之时，为长夜宫于深谷之中，男女杂处，十旬不出听政，天乃大风扬沙，一夕填此空谷。"

1966—1999 年间，发生在我国的持续两天以上的沙尘暴竟达 60 次。中科院刘东生院士认为，黄土高原应该说是沙尘暴的一个实验室，这个实验室积累了过去几百万年以来沙尘暴的记录。中国西北部沙漠和戈壁的风沙漫天漫地撒过来，每年都要在黄土高原上留下一层薄薄的黄土。

沙尘暴天气的危害

沙尘暴的危害一是大风，二是沙尘。其影响主要表现在以下几个方面：

（1）风蚀土壤，破坏植被，掩埋农田。

（2）污染空气。国家环保总局的监测网显示，2001 年 3 月 20 日强沙尘暴当天，北京每平方米的落尘量达到了 20 克，总悬浮颗粒物达到了每立方米 11 000 微克，超过了国家标准的十几倍，超过正常值的 100 倍。

沙尘暴

（3）影响交通。沙尘暴对交通的影响主要表现为，一是降低能见度，影响行车和飞机起降。如韩国 2001 年 3 月 22 日有 7 个机场被迫关闭，3 月 21 日约有 70 个航班被迫取消。二是沙尘掩埋路基，阻碍交通。据《华商报》报道，由于沙尘暴掩埋了部分铁路，造成乌鲁木齐开往西安的列车中途遇阻。

（4）影响精密仪器使用和生产。

（5）危害人体健康。沙尘暴引起的健康损害是多方面的，皮肤、眼、鼻和肺是最先接触沙尘的部位，受害最重。皮肤、眼、鼻、喉等直接接触部位的损害主要是刺激症状和过敏反应，而肺部表现则更为严重和广泛。7 年前美国健康学家首先提出，细微污染颗粒与肺病和心脏病死亡之间存在关系。澳大利亚《时代报》称由于土壤被风蚀而引起的沙尘暴是导致该国 200 万人哮喘的元凶。

（6）引起天气和气候变化。沙尘暴影响的范围不仅涉及我国有些省份，而且影响到了韩国和日本；1998 年 9 月起源于哈萨克斯坦的一次沙尘暴，经过我国北部广大地区，并将大量沙尘通过高空输送到北美洲；2001 年 4 月起源于蒙古的强沙尘暴掠过了太平洋和美国大陆，最终消散在大西洋上空。如此大范围的沙尘，在高空形成悬浮颗粒，足以影响天气和气候。因为悬浮颗粒能够反射太阳辐射从而降低大气温度。随着悬浮颗粒大幅度削弱太阳辐射

（约 10%），地球水循环的速度可能会变慢，降水量减少；悬浮颗粒还可抑制云的形成，使云的降水率降低，减少地球的水资源。可见，沙尘可能会使干旱加剧。

（7）生态环境的恶化。出现沙尘暴天气时狂风裹挟的沙石、浮尘到处弥漫，凡是经过地区空气浑浊，呛鼻迷眼，呼吸道等疾病人数增加。如 1993 年 5 月 5 日发生在金昌市的强沙尘暴天气，监测到的室外空气含尘量为 1 016 毫克/平方厘米，室内为 80 毫克/平方厘米，超过国家规定的生活区内空气含尘量标准的 40 倍。

➡ 知识点

沙尘暴防灾应急

（1）及时关闭门窗，必要时可用胶条对门窗进行密封。

（2）外出时要戴口罩，用纱巾蒙住头，以免沙尘侵害眼睛和呼吸道而造成损伤。应特别注意交通安全。

（3）机动车和非机动车应减速慢行，密切注意路况，谨慎驾驶。

（4）妥善安置易受沙尘暴损坏的室外物品。

（5）发生强沙尘暴天气时不宜出门，尤其是老人、儿童及患有呼吸道过敏性疾病的人。

（6）平时要做好防风防沙的各项准备。

🌱 延伸阅读

我国防治沙尘暴的紧迫性：

全国有 1 500 千米铁路、3 万千米公路和 5 万千米灌渠由于风沙危害造成不同程度的破坏。

近几年来，我国每年因风沙危害造成的直接经济损失达 540 亿元，相当于西北 5 省区 1996 年财政收入的 3 倍。

科学家们做过推算，在一块草地上，刮走 18 厘米厚的表土，约需 2 000 多年的时间；如在玉米耕作地上，刮走同样数量的表土需 49 年；而在裸露地上，则只需 18 年时间。

常年4—5月份正是我国北方沙尘暴高发期，需要人们密切关注天气预报，提前做好预防沙尘暴的准备。

积雪成灾的雪灾

雪灾的的危害

在2008年1月10日，雪灾在中国南方暴发了。严重的受灾地区有湖南、贵州、湖北、江西、广西北部、广东北部、浙江西部、安徽南部、河南南部。截至2008年2月12日，低温雨雪冰冻灾害已造成21个省（区、市、兵团）不同程度受灾，因灾死亡107人，失踪8人，紧急转移安置151.2万人，累计救助铁路公路滞留人员192.7万人；农作物受灾面积1.77亿亩，绝收2 530亩；森林受损面积近2.6亿亩；倒塌房屋35.4万间；造成1 111亿元人民币的直接经济损失。

造成这次雪灾的天气成因是什么呢？形成大范围的雨雪天气过程，最主要的原因是大气环流的异常，尤其在欧亚地区的大气环流发生异常。

我们都知道，大气环流有着自己的运行规律，在一定的时间内，维持一个稳定的环流状态。在青藏高原西南侧有一个低值系统，在西伯利亚地区维持一个比较高的高值系统，也就是气象上说的低压系统和高压系统。这两个系统在这两个地区长期存在，低压系统给我国的南方地区，主要是南部海区和印度洋地区，带来比较丰沛的降水。而来自西伯利亚的冷高压，向南推进的是寒冷的空气。很明白，正常情况下，冬季控制我国的主要是来自西伯利亚的冷空气，使得中国大部地区干燥寒冷。

而在2008年1月，西南暖湿气流北上影响我国大部分地区，而北边的高压系统稳定存在，从西伯利亚地区不断向南输送冷空气，冷暖空气在长江中下游及以南地区就形成了一个交汇，冷空气密度比较大，暖空气就会沿着冷空气层向上抬升，这样暖湿气流所携带的丰富的水气就会凝结，形成雨雪的天气。由于这种冷暖空气异常地在这一带地区长时间交汇，导致中国南方大范围的雨雪天气持续时间就比较长。

实际上我国南方地区这3次雨雪天气过程，主要就是西南暖湿气流的3次加强，相应地出现了3次比较大的雨雪天气过程。

其中2008年1月26、27、28日的第三次大范围持续性雨雪天气过程强度强，再加上前两次的影响，因而造成了最严重的损失。

雪灾的概述

雪灾

雪灾亦称白灾，是因长时间大量降雪造成大范围积雪成灾的自然现象。它是中国牧区常发生的一种畜牧气象灾害，主要是指依靠天然草场放牧的畜牧业地区，由于冬季降雪量过多和积雪过厚，雪层维持时间长，影响畜牧正常放牧活动的一种灾害。对畜牧业的危害，主要是积雪掩盖草场，且超过一定深度；有的积雪虽不深，但密度较大，或者雪面覆冰形成冰壳，牲畜难以扒开雪层吃草，造成饥饿；有时冰壳还易划破羊和马的蹄腕，造成冻伤，致使牲畜瘦弱；常常造成牧畜流产，仔畜成活率低，老弱幼畜饥寒交迫，死亡增多。同时还严重影响甚至破坏交通、通讯、输电线路等生命线工程，对牧民的生命安全和生活造成威胁。雪灾主要发生在稳定积雪地区和不稳定积雪山区，偶尔出现在瞬时积雪地区。中国牧区的雪灾主要发生在内蒙古草原、西北和青藏高原的部分地区。

根据我国雪灾的形成条件、分布范围和表现形式，将雪灾分为3种类型：雪崩、风吹雪灾害（风雪流）和牧区雪灾。

雪灾的成因

雪灾是由积雪引起的灾害。根据积雪稳定程度，将我国积雪分为5种类型：

（1）永久积雪：降雪积累量大于当年消融量，积雪终年不化。

（2）稳定积雪（连续积雪）：空间分布和积雪时间（60天以上）都比较连续的季节性积雪。

（3）不稳定积雪（不连续积雪）：虽然每年都有降雪，而且气温较低，但在空间上积雪不连续，多呈斑状分布，在时间上积雪日数10~60天，且时断时续。

（4）瞬间积雪：主要发生在华南、西南地区，这些地区平均气温较高，但在季风特别强盛的年份，因寒潮或强冷空气侵袭，发生大范围降雪，但很快消融，使地表出现短时（一般不超过10天）积雪。

（5）无积雪：除个别海拔高的山岭外，多年无降雪。雪灾主要发行在稳定积雪地区和不稳定积雪山区，偶尔出现在瞬时积雪地区。

积雪对牧草的越冬保温可起到积极的防御作用，旱季融雪可增加土壤水分，促进牧草返青生长。积雪又是缺水或无水冬春草场的主要水源，解决人畜的饮水问题。但是雪量过大，积雪过深，持续时间过长，则造成牲畜吃草困难，甚至无法放牧，而形成雪灾。

雪灾的分类

雪灾按其发生的气候规律可分为两类：猝发型和持续型。猝发型雪灾发生在暴风雪天气过程中或以后，在几天内保持较厚的积雪对牲畜构成威胁。本类型多见于深秋和气候多变的春季。持续型雪灾达到危害牲畜的积雪厚度随降雪天气逐渐加厚，密度逐渐增加，稳定积雪时间长。此型可从秋末一直持续到第二年的春季。

2008 年我国的雪灾

雪灾的指标是指人们通常用草场的积雪深度作为雪灾的首要标志。由于各地草场差异、牧草生长高度不等，因此形成雪灾的积雪深度是不一样的。雪灾的指标为：

轻雪灾：冬春降雪量相当于常年同期降雪量的120%以上；

中雪灾：冬春降雪量相当于常年同期降雪量的140%以上；

重雪灾：冬春降雪量相当于常年同期降雪量的160%以上。

雪灾的指标也可以用其他物理量来表示，诸如积雪深度、密度、温度等，不过上述指标的最大优点是使用简便，且资料易于获得。

雪灾的规律

牧区雪灾规律：根据调查材料分析，我国草原牧区大雪灾大致有 10 年一遇的规律。至于一般性的雪灾，其出现次数就更为频繁了。据统计，西藏牧区大致 2 ~ 3 年一次，青海牧区也大致如此。新疆牧区，因各地气候、地理差异较大，雪灾出现频率差别也大，阿尔泰山区、准噶尔西部山区、北疆沿天山一带和南疆西部山区的冬牧场和春秋牧场，雪灾频率达 50% ~ 70%，即在

10 年内有 5～7 年出现雪灾。其他地区在 30% 以下。雪灾高发区，也往往是雪灾严重区，如阿勒泰和富蕴两地区，雪灾频率高达 70%，重雪灾高达 50%。反之，雪灾频率低的地区往往是雪灾较轻的地区，如温泉地区雪灾出现频率仅为 5%，且属轻度雪灾。但不管哪个地区大雪灾都很少有连年发生的现象。

雪灾发生的时段，冬雪一般始于 10 月，春雪一般终于 4 月。危害较重的，一般是秋末冬初大雪形成的所谓"坐冬雪"。随后又不断有降雪过程，使草原积雪越来越厚，以致危害牲畜的积雪持续整个冬天。

雪灾的预警

雪灾预警信号分 3 级，分别以黄色、橙色、红色表示。黄色为三级防御状态，上面是橙色，最后的红色表示一级紧急状态和危险情况。

（1）雪灾黄色预警信号：12 小时内可能出现对交通或牧业有影响的降雪。

①相关部门做好防雪准备；

②交通部门做好道路融雪准备；

③农牧区要备好粮草。

（2）雪灾橙色预警信号：6 小时内可能出现对交通或牧业有较大影响的降雪，或者已经出现对交通或牧业有较大影响的降雪并可能持续。

①相关部门做好道路清扫和积雪融化工作；

②驾驶人员要小心驾驶，保证安全；

③将野外牲畜赶到圈里喂养。

（3）雪灾红色预警信号：2 小时内可能出现对交通或牧业有很大影响的降雪，或者已经出现对交通或牧业有很大影响的降雪并可能持续。

①必要时关闭道路交通；

②相关应急处置部门随时准备启动应急方案；

③做好对牧区的救灾救济工作。

有关雪灾的防范

农业生产防雪灾的 5 条措施：

（1）要及早采取有效防冻措施，抵御强低温对越冬作物的侵袭，特别是要防止持续低温对旺苗、弱苗的危害。

（2）加强对大棚蔬菜和在地越冬蔬菜的管理，防止连阴雨雪、低温天气的危害，雪后应及时清除大棚上的积雪，既减轻塑料薄膜压力，又有利于增温透光；同时加强各类冬季蔬菜、瓜果的储存管理。

（3）要趁雨雪间隙及时做好"三沟"的清理工作，降湿排涝，以防连阴雨雪天气造成田间长期积水，影响麦菜根系生长发育。同时要加强田间管理，中耕松土，铲除杂草，提高其抗寒能力。做好病虫害的防治工作。

（4）及时给麦菜盖土，提高御寒能力，若能用猪牛粪等有机肥覆盖，保苗越冬效果更好。

（5）要做好大棚的防风加固，并注意棚内的保温、增温，减少蔬菜病害的发生，保障春节蔬菜的正常供应。

➤ 知识点

雪灾给人们日常工作和生活带来极大不便。注意以下事项：

（1）了解信息，防寒保暖，注意安全。

（2）应对雪灾必须特别注重膳食营养。①增加御寒食物的摄入。②增加产热食物的摄入。③补充必要的蛋氨酸。④多吃富含维生素类食物。⑤适量补充矿物质。⑥注重热食，为使人体适应外界寒冷环境，应以热饭热菜用餐并趁热而食，以摄入更多的能量御寒。

延伸阅读

坐冬雪是指入冬后的第一场较大降雪。这场雪后气温猛降，积雪长期不化，有的地方群众称之为雪"坐住"了。坐冬雪形成后，随着一场场降雪使积雪加厚，终于埋住牧草，使牧群无法放牧，形成灾害。

空中降下的大冰雹

冰雹也叫"雹"，俗称雹子，有的地区叫"冷子"，夏季或春夏之交最为常见。它是一些小如绿豆、黄豆，大似栗子、鸡蛋的冰粒。我国除广东、湖南、湖北、福建、江西等省冰雹较少外，各地每年都会受到不同程度的雹灾，尤其是北方的山区及丘陵地区，地形复杂，天气多变，冰雹多，受害重，对农业危害很大。猛烈的冰雹能打毁庄稼，损坏房屋，人被砸伤、牲畜被砸死的情况也常常发生；特大的冰雹甚至能比柚子还大，会致人死亡、毁坏大片农田和树木、摧毁建筑物和车辆等，具有强大的杀伤力。

冰雹是一种固态降水物，系圆球形或圆锥形的冰块，由透明层和不透明层相间组成。直径一般为 5~50 毫米，最大的可达 10 厘米以上。雹的直径越大，破坏力就越大。冰雹常砸坏庄稼，威胁人畜安全，是一种严重的自然灾害。冰雹来自对流特别旺盛的对流云（积雨云）中。云中的上升气流要比一般雷雨云强，小冰雹是在对流云内由雹胚上下数次和过冷水滴碰撞合并而增长起来的，当云中的上升气流支托不住时就下降到地面。大冰雹是在具有一支很强的斜升气流、液态水的含量很充沛的雷暴云中产生的。每次降雹的范围都很小，一般宽度为几米到几千米，长度为 20~30 千米，所以民间有"雹打一条线"的说法。冰雹主要发生在中纬度大陆地区，通常山区多于平原，内陆多于沿海。中国的降雹多发生在春、夏、秋三季，4—7 月约占发生总数的 70%。比较严重的雹灾区有甘肃南部、陇东地区、阴山山脉、太行山区和川滇两省的西部地区。

冰雹灾害是由强对流天气系统引起的一种剧烈的气象灾害，它出现的范围虽然较小，时间也比较短促，但来势猛、强度大，并常常伴随着狂风、强降水、急剧降温等阵发性灾害性天气过程。中国是冰雹灾害频繁发生的国家，冰雹每年都给农业、建筑、通讯、电力、交通以及人民生命财产带来巨大损失。据有关资料统计，我国每年因冰雹所造成的经济损失达几亿元甚至几十亿元。因此，我们很有必要了解冰雹灾害时空动荡格局以及冰雹灾害所造成的损失情况，从而更好地防治冰雹灾害，减少经济损失。

冰雹的形成

冰雹和雨、雪一样都是从云里"掉"下来的。不过下冰雹的云是一种发展十分强盛的积雨云，而且只有发展特别旺盛的积雨云才可能降冰雹。积雨云和各种云一样都是由地面附近空气上升凝结形成的。空气从地面上升，在上升过程中气压降低，体积膨胀，如果上升空气与周围没有热量交换，由于膨胀消耗能量，空气温度就要降低，这种温度变化称为绝热冷却。根据计算，在大气中空气每上升 100 米，因绝热变化会使温度降低 1℃ 左右。我们知道在一定温度下，空气中容纳水汽有 个限度，达到这个限度就称为"饱和"，温度降低后，空气中可能容纳的水汽量就要降低。因此，原来没有饱和的空气在上升运动中由于绝热冷却可能达到饱和，空气达到饱和之后过剩的水汽便附着在飘浮于空中的凝结核上，形成水滴。当温度低于 0℃ 时，过剩的水汽便会凝华成细小的冰晶。这些水滴和冰晶聚集在一起，飘浮于空中便成了云。大气中有各种不同形式的空气运动，形成了不同形态的云。因对流运动而形成的云有淡积云、浓积云和积雨云等。人们把它们统称为积状云。它们都是一块块孤立向上发展的云块，因为在对流运动中有上升运动和下沉运动，往往在上升气流区形成了云块，而在下沉气流区就成了云的间隙，有时可见蓝天。

冰雹灾害

积状云因对流强弱不同而形成各种不同云状，它们的云体大小悬殊很大。如果云内对流运动很弱，上升气流达不到凝结高度，就不会形成云，只有干对流。如果对流较强，可以发展形成浓积云，浓积云的顶部像花椰菜，由许多轮廓清晰的凸起云泡构成，云厚可以达 4～5 千米。如果对流运动很猛烈，就可以形成积雨云，云底黑沉沉，云顶发展很高，可达 10 千米左右，云顶边缘变得模糊起来，云顶还常扩展开来，形成砧状。一般积雨云可能产生雷阵雨，而只有发展特别强盛的积雨云，云体十分高大，云中有强烈的上升气体，云内有充沛的水分，才会产生冰雹，这种云通常也称为冰雹云。

冰雹云是由水滴、冰晶和雪花组成的。一般为 3 层：最下面一层温度在 0℃以上，由水滴组成；中间温度为 0℃～－20℃，由过冷却水滴、冰晶和雪花组成；最上面一层温度在－20℃以下，基本上由冰晶和雪花组成。

在冰雹云中气流是很强盛的，通常在云的前进方向，有一股十分强大的上升气流从云底进入又从云的上部流出。还有一股下沉气流从云后方中层流入，从云底流出。这里也就是通常出现冰雹的降水区。这两股有组织上升与下沉气流与环境气流连通，所以一般强雹云中气流结构比较持续。强烈的上升气流不仅给雹云输送了充分的水汽，并且支撑冰雹粒子停留在云中，使它长到相当大才降落下来。

冰雹和雨、雪一样，都是从云里掉下来的，它是从积雨云中降落下来的一种固态降水。

冰雹的形成需要以下几个条件。

①大气中必须有相当厚的不稳定层存在。

②积雨云必须发展到能使个别大水滴冻结的高度（一般认为温度达 $-12℃ \sim -16℃$）。

③要有强的风切变。

④云的垂直厚度不能小于 $6 \sim 8$ 千米。

⑤积雨云内含水量丰富。一般为 $3 \sim 8$ 克/立方米，在最大上升速度的上方有一个液态过冷却水的累积带。

⑥云内应有倾斜的、强烈而不均匀的上升气流，一般在 $10 \sim 20$ 米/秒以上。

在冰雹云中冰雹又是怎样长成的呢？

在冰雹云中强烈的上升气流携带着许多大大小小的水滴和冰晶运动着，其中有一些水滴和冰晶并合冻结成较大的冰粒，这些粒子和过冷水滴被上升气流输送到含水量累积区，就可以成为冰雹核心，这些冰雹初始生长的核心在含水量累积区有着良好生长条件。雹核在上升气流携带下进入生长区后，在水量多、温度不太低的区域与过冷水滴碰并，长成一层透明的冰层，再向上进入水量较少的低温区，这里主要由冰晶、雪花和少量过冷水滴组成，雹核与它们粘并冻结就形成一个不透明的冰层。这时冰雹已长大，而那里的上升气流较弱，当它支托不住增长大了的冰雹时，冰雹便在上升气流里下落，在下落中不断地并合冰晶、雪花和水滴而继续生长，当它落到较高温度区时，碰并上去的过冷水滴便形成一个透明的冰层。这时如果落到另一股更强的上升气流区，那么冰雹又将再次上升，重复上述的生长过程。这样冰雹就一层透明一层不透明地增长；由于各次生长的时间、含水量和其他条件的差异，所以各层厚薄及其他特点也各有不同。最后，当上升气流支撑不住冰雹时，它就从云中落了下来，成为我们所看到的冰雹了。

冰雹的危害

冰雹灾害是由强对流天气系统引起的一种剧烈的气象灾害，它出现的范围虽然较小，时间也比较短促，但来势猛、强度大，并常常伴随着狂风、强降水、急剧降温等阵发性灾害性天气过程。中国是冰雹灾害频繁发生的国家，冰雹每年都给农业、建筑、通讯、电力、交通以及人民生命财产带来巨大损失。

许多人在雷暴天气中曾遭遇过冰雹，通常这些冰雹最大不会超过垒球大小，它们从暴风雨云层中落下。然而，有的时候冰雹的体积却很大，曾经有 128 千克的冰雹从天空中降落，当它们落在地面上会分裂成许多小块。

最神秘的是天空无云层状态下巨大的冰雹从天垂直下落，曾有许多事件证实飞机机翼遭受冰雹袭击，目前，科学家仍无法解释为什么会出现如此巨大的冰雹。

知识点

　　2005 年我国云南省昭通市昭阳区、鲁甸县发生特大冰雹灾害，直径 2.5 厘米至 0.5 厘米不等的大小冰雹从天而降，持续 30 分钟左右，致使昭阳区 21 个乡镇、4 个办事处以及鲁甸县茨院、桃源、新街、小寨 4 乡不同程度受灾。据统计，这次冰雹灾造成昭阳区 45 882.9 亩优质苹果绝收，昭阳区仅苹果产业一项的损失预计超过 7 000 万元。

延伸阅读

　　冰雹有以下几个特征：

　　（1）局地性强，每次冰雹的影响范围一般宽约几十米到数千米，长约数百米到十多千米；

　　（2）历时短，一次狂风暴雨或降雹时间一般只有 2～10 分钟，少数在 30 分钟以上；

　　（3）受地形影响显著，地形越复杂，冰雹越易发生；

　　（4）年际变化大，在同一地区，有的年份连续发生多次，有的年份发生次数很少，甚至不发生；

　　（5）发生区域广，从亚热带到温带的广大气候区内均可发生，但以温带地区发生较多。

温室效应与全球变暖
WENSHI XIAOYING YU QUANQIU BIANNUAN

　　全球气候变暖是一种"自然现象"。由于人们焚烧化石矿物以生成能量或砍伐森林并将其焚烧时产生的二氧化碳等多种温室气体，由于这些温室气体对来自太阳辐射的可见光具有高度的透过性，而对地球反射出来的长波辐射具有高度的吸收性，能强烈吸收地面辐射中的红外线，也就是常说的"温室效应"，导致全球气候变暖。

　　全球变暖的后果严重。首先，全球气候变暖导致海平面上升，降水重新分布，改变了当前的世界气候格局；其次，全球气候变暖影响和破坏了生物链、食物链，带来更为严重的自然恶果。例如，有一种候鸟，每年从澳大利亚飞到我国东北过夏天，但由于全球气候变暖使我国东北气温升高，夏天延长，这种鸟离开东北的时间相应变迟，再次回到东北的时间也相应延后。结果导致这种候鸟所吃的一种害虫泛滥成灾，毁坏了大片森林。另外，有关环境的极端事件增加，比如干旱、洪水等。

全球气候大变暖

全球变暖的现象

　　近百年来，地球气候正经历一次以全球变暖为主要特征的显著变化。这种全球性的气候变暖是由自然的气候波动和人类活动增强的温室效应共同引起的。而近 50 年的气候变暖主要是人类使用化石燃料排放的大量二氧化碳等温室气体的增温效应造成的。

1860 年以来，全球平均温度升高了 0.6℃ ±0.2℃。近百年来最暖的年份均出现在 1983 年以后。20 世纪北半球温度的增幅是过去 1 000 年中最高的。大气中温室气体浓度明显增加，大气中二氧化碳的浓度已达到过去 42 万年中的最高值。

暖冬温度破纪录。2007 年北美洲地区隆冬气温堪比夏季，美国纽约市整个冬天片雪未下，1 月 6 日白天气温最高达 22℃，打破历史同期纪录；加拿大历来被称为"冰与枫的国度"，但其北部特有的冬季风情却在日渐消失，以全球最长滑冰场而闻名的丽都河也迟迟不结冰……

气候变暖对我国的影响

在全球变暖的大背景下，我国近百年的气候也发生了明显变化。气温上升了 0.4℃ ~0.5℃，略低于全球平均的 0.6℃；气候变暖最明显的地区在西北、华北、东北地区，其中西北（陕、甘、宁、新）变暖的强度高于全国平均值。2001 年冬天到 2002 年春天我国大部地区降水偏少，其中华北中南部、东北西南部偏少五至九成，华北、东北出现不同程度的干旱。北方地区出现了 10 年来范围最广、强度最强、持续时间最长、影响最大的沙尘暴过程。

全球变暖湿地面积缩小

我国冬季增温最明显。1985 年以来，我国已连续出现了 16 个全国大范围的暖冬，1998 年冬季最暖，2001 年次之。2001 冬天到 2002 年春天全国大部分地区气温普遍偏高，其中东北、华北、黄淮、江淮中部、江南东部等地偏高 2℃ ~ 4℃。2001—2002 年的冬季为近 40 年来第二个最暖的冬天（第一个暖冬为1998—1999 年冬季）。

知识点

据世界上许多科学家预测，未来 50～100 年人类将完全进入一个变暖的世界。由于人类活动的影响，21 世纪温室气体和硫化物气溶胶的浓度增加很快，使未来 100 年全球、东亚地区和我国的温度迅速上升，全球平均地表温度将上升 1.4℃～5.8℃。到 2050 年，我国平均气温将上升 2.2℃。

延伸阅读

丽都河，全长 202 千米，连接渥太华和京士顿，建造的初衷是为替代圣劳伦斯河作为商业及战略的重要通道。现在，它最为人知的美誉当属"世界最长的滑冰场"。每年冰冻后的丽都河举办热闹非凡的冬季狂欢节，而在世界最长的溜冰场——丽都河上滑冰则是冬庆节中最具有特色的项目，冬季的渥太华已成为加拿大滑冰爱好者的首选之地。

冬季如春的纽约

纽约的反常气温

2007 年 1 月 6 日在美国应该出现隆冬时节寒冷的场景，但却是出人意料的明媚温暖的天气。对于这种情况，真是有人欢喜有人愁！

人们可以看到孩子在美国纽约街头赤脚玩耍，可以看到中央公园绿草如茵，可以看到公园的草地上野雁在觅食，可以看到樱桃树鲜花盛放，人们

热浪下的纽约人们在想办法降温

可以身穿 T 恤、短裤和拖鞋在公园里散步、运动或者遛狗……

虽然已经进入隆冬季节，但是美国纽约却是一番春光明媚的景象。纽约的气温上升至 22℃，打破了纽约历史上 1 月份的最高气温纪录。在此之前，纽约 1 月份最高气温纪录是在 1950 年 1 月 26 日，当时的气温为 17.2℃。

纽约的一名卖冰淇淋的小商贩表示，销售额在当年冬天上升了 15%。此外，高尔夫球中心的顾客也比往年增加了 2～3 倍。但是滑雪场的老板则因为缺乏降雪而愁眉不展。因为在上一年 11 月和 12 月，纽约一直都没有下雪，这是自从 1877 年以来首次出现的反常情况。当地冬季大衣及用品却滞销，餐厅生意大好。阳光明媚的温暖天气让很多纽约民众和游客都感到十分欣喜。

出现暖冬的重要原因是全球变暖

全球变暖的趋势是出现暖冬的重要原因。同时纽约也受到具体气象因素的影响。其中最主要的因素是"厄尔尼诺"现象当时正在太平洋海域出现。除此之外，在美国东海岸上空，阻止南方暖气流向北蔓延的高纬度气流北移，也使得暖气流向北延伸。

知识点

气流就是空气的上下运动，向上运动的空气叫作上升气流，向下运动的空气叫作下降气流。上升气流又分为动力气流和热力气流、山岳波等多种类型。气流的生成非常复杂，热力气流的生成受各种天气、温度、湿度，空气温度递减率、地表温差、气压、等数据影响。一般来说，空气温度递减率越大、日照越充足、空气越干燥，热力气流的形成就越好。

延伸阅读

在捷克也出现了类似的情景。本来 2007 年 12 月已经进入冬季，但在捷克却感受不到一丝寒意，犹如秋天。滑雪场上没有一片雪花，绿茵茵的草地上绽放着五颜六色的小花，9 日的最高温度为 12℃，出现了四五年来未有的暖冬。姆林市滑雪场的旅馆经理说，去年的此时已经开始滑雪 3 个星期了，旅馆里天天住满游客；今年却门可罗雀，收入锐减。捷克市市长说，姆林市的财政收入

70%来自冬季滑雪旅游，如果没有雪，经济前景会令人担忧。

火炉重庆炉火旺

重庆变暖

重庆是在20世纪90年代中后期，才较为明显地出现气候偏暖的趋势，也就是说，重庆受到全球气候变暖影响的时间，较全球的其他城市，在时间上偏晚。

从20世纪70年代以来，重庆主城区的年平均气温变化也经历了明显的冷—暖阶段性变化。其中，1949年气温变化出现转折进入偏冷阶段，1949—1996年气温以偏低为主；而从1997年开始，年平均气温变化又一次出现转折，进入偏暖阶段，1997—2006年阶段内年平均气温均值18.7℃，超出平均值0.3℃。

重庆市气候中心的另一组数据也显示，从1961年至2007年的46年来，重庆年平均气温整体上呈小幅度的上升趋势，上升了0.14℃，上升速率为0.03℃/10年；而1997年之后的年份，重庆的气温上升幅度则超此平均速度一倍，之后整体气温的逐年上升较为明显。

火炉重庆

夏季时间将延长，最高温可达46℃。

在重庆市气候中心的数据库，重庆自1951年以来的四季到来时间悉数记载。数据显示，从2000年开始，春、夏、秋、冬这四季到来的时间似乎越来越不按常理出牌。

按照被一致认可的气候学入秋标准：连续5天日平均气温低于22℃。而2009年，除巫溪外，39个区县的秋天却集体迟到10多天。迟到得最厉害的奉节，比历年平均9月17日入秋这一时间足足晚了20天；主城区直到10月8日才勉强入秋，迟到了 13 天。

2009 年秋天来得异常地晚，但冬天却偏偏来得早，创下了 33 年之最。从 1950 年代开始，主城区冬季到来的平均时间为 12 月 13 日，从 1960 年开始，重庆在 11 月份进入冬季的年份仅 6 年，主要集中在 20 世纪六七十年代。而 2009 年，重庆市入冬的时间为 11 月 16 日，入冬时间之早，仅次于 1976 年创下的纪录。专家表示，若全球气候变暖趋势继续增加，夏季的时间势必将被延长。

重庆四季的反常现象

《重庆市气候变化公报》也同步显示出，46 年来，重庆四季平均气温变化的特点有所不同：重庆大部分地区的秋季和冬季平均气温都呈上升趋势，而夏季平均气温却呈下降趋势。

重庆的气温是否还会升高？市气象台高级工程师江玉华肯定地回答："重庆的气温在未来同样会呈现总体上升趋势。"

市气候中心的资料显示，重庆作为中国三大"火炉"城市之一，历史上最高温度曾达到 44℃，而这一高温则极有可能在未来被再度改写。专家们表示，今后重庆的"体温"可能突破 44℃，达到 46℃。

➡ 知识点

形成长江沿岸三大火炉的主要原因是夏季高空被副热带高气压带控制着；其次就是地形的影响。重庆、武汉和南京都在海拔较低的长江流域河谷中，河谷的地形特点犹如锅底，四周山地环抱，地面散热困难，使气温不断升高；三是这些地方水田网密布，水汽多，湿度大，人体出汗后不易蒸发，出汗的散热效率大大降低，高温加高湿，更使人感到闷热。

🌱 延伸阅读

在我国长江中下游地区，有一片夏季高温区，如南京、武汉和重庆，一年中日最高气温超过 35℃ 的日子达 70 天以上，而且出现过 40℃ 以上的高温天气，所以人们也称这 3 个城市为"三大火炉"。

温室效应与雨林消失、土地沙化

WENSHI XIAOYING YU YULIN XIAOSHI TUDI SHAHUA

一些科学家认为，气候变暖可能导致植被发生变化，全球变暖可能颠覆世界上最大的热带雨林，在21世纪末亚马孙雨林将变为热带草原。2007年，巴西国家空间研究所气象学家说，如果任由全球变暖发展，这一生态丰富地区的降雨会减少，同时气温会升高。最坏的情况是，在2100年气温将升高5℃~8℃，降雨减少15%~20%。这将使亚马孙雨林变为热带草原。最坏的情形是假设不对气候变化采取任何措施后产生的情况。

而温室效应所导致的沙漠化现在正在向各个区域扩展。沙漠化的面积已经达到了全球的1/4。不敢想象要是再照这样发展下去，沙漠的比例将会是现在的3倍左右。真是不敢相信，根据联合国的调查报告，每年将会有大约有6万平方千米的面积被沙漠化，沙漠化的波浪确实正在不断地扩大。

雨林干旱更胜沙漠

亚马孙雨林的干旱

撒哈拉的干旱是众所周知的，有谁想到亚马孙雨林会比撒哈拉还要干旱呢？河水断流，12 000公顷大的湖几乎全部干掉了，成千上万条死鱼覆盖了干涸的湖床，游艇嵌在岸边的沙子里，人们在河床上行走或骑自行车，整个河道看起来就像是撒哈拉大沙漠。

然而，令人难以置信的是，这场干旱不是发生在沙漠的边缘，它发生在亚马孙热带雨林。干涸的湖泊是亚马孙的雷湖，断流的河正是亚马孙河，百年以来最大的灾难袭击了亚马孙。

2005年，巴西亚马孙河流域遭遇数十年来最严重的干旱，引发当地森林大火，饮用水被污染，数以万计的鱼类死亡。

席卷亚马孙的干旱是从2005年1月份开始的，最初的表现是西部和西南部的一些区域降雨量严重不足，河流的水量和水平面高度都比历史同期平均量大大降低。雪上加霜的是，大火在干燥异常的森林中蔓延，数千公顷雨林葬身火海。

干旱波及到马瑙斯时，旱情发展为近103年来最严重的程度。据科学家估计，马瑙斯地区东部的旱情是近50或60年来最严重的。干旱迫使亚马孙州州长宣布该州进入危机状态，其下属62个市中的61个也都宣布进入紧急状态，几千居民被迫转移至远离雨林的安全地区。紧急应对部门表示，居住在水边的超过1200个社区都严重缺水缺粮。

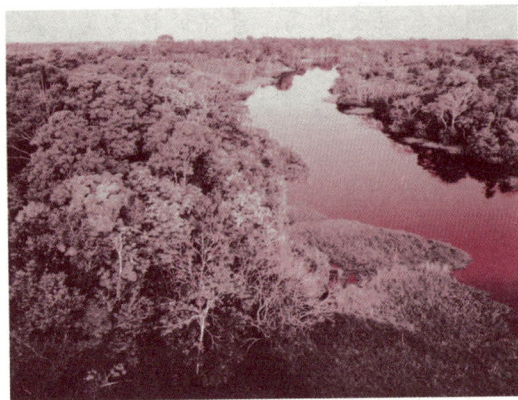
亚马孙热带雨林

这场干旱来得十分蹊跷。亚马孙雨林只有雨季和旱季两个季节。雨季在当地被称为冬季，而相对少雨的旱季则被当地人称为夏季。每年5到10月为旱季。雨季则从11月开始，一直持续到来年4月。1月份本应该是亚马孙雨林的雨季，却发生了严重的干旱，这似乎有些不合情理。

亚马孙雨林干旱的原因

巴西国家空间研究院的科学家认为，亚马孙发生百年不遇的大旱有三大原因——大西洋变暖、乔木蒸发量的减少，以及林火释放的烟雾。

首要原因是北部热带海洋变暖，平均气温上升了2℃。海水为该地区提供了可观的降雨量，还有一种向上的空气运动——这在多雨的地方很常见。然而，升起的一切都会下降。降落到亚马孙地区上方的空气干扰了云的形成。这就是为什么这场干旱的范围如此之大、影响如此严重、持续时间如此之长。

就这场干旱的强度而言，其他两个因素的重要性就弱一些。长时间的干旱使植物蒸发量降低，进而减少了水循环。一些相关研究也显示，森林大火产生的烟雾"在干旱季节也会干扰云朵的形成"。

麻省理工大学气象学博士，组织了亚马孙生物圈—大气圈大规模实验。这个实验的目的是探索亚马孙地区气候学、生态学、生物地球化学和水文学功能，以及亚马孙和地球系统之间交互作用。

由于其生物多样性的脆弱性，巴西是世界上面对气候变化最脆弱的国家之一。假如亚马孙的森林覆盖面积减少的数量达到 40%，这片世界上最大的森林逐渐转变为热带稀树草原的进程就再也无法逆转。

科学家已发现，亚马孙雨林正逐渐消失。他们警告，雨林消退不仅加剧全球暖化，还令众多只能生存在雨林内的生物面临灭绝。

➡️ 知识点

> 大面积的森林砍伐也是加重旱情的重要因素。亚马孙生物圈—大气圈大规模实验项目的科学家指出，比如在亚马孙森林东部，本来就比其他地方干燥，现在伐木又使当地生态系气候更不稳定。当地的植物原本会藉由蒸发和蒸散作用循环水分，达到维持该地区湿度的效果。但是自从这些植物消失以后，干季就变长了，平均温度也开始上升。

🎀 延伸阅读

雨林是指位于赤道带上雨量丰沛区域的森林区域。绿色植物吸收阳光中的能量，再利用水与二氧化碳合成自身需要的养分——葡萄糖。在合成植物自身需要的养分的同时可伴随生成其他生物所需要的氧气，因此，植物对于其他生物而言，是一种非常重要的生态伙伴。赤道带上的森林因为植物的生长特别茂密，在调节地球二氧化碳含量上具有相当重要的角色，因此，有些科学家称雨林为"地球的肺"。

温带森林大枯萎

北半球的树木在暖干气候条件下枯萎

在继续变暖的 21 世纪，森林是最容易受到损害的生态系统，将有相当多的树种面临不适应的气候条件。北半球的树木本来就不够苗壮，因而，一些地区的森林将在暖干气候条件下更容易枯萎。这是由于在全球变暖引起的气候快变条件下，大多数树种难以找到气候适宜的地点，即物种的生境。生境是物种生存和繁殖的环境条件。不同的树木在某些地点重新发现适宜它们特点的气候生境，需要一个长时间的稳定气候。

我国植被带的变化

据我国科学家分析，当降水增加 10% 时，如温度升高 1℃，我国天山以北的草原和稀树灌木草原的面积将增加，塔克拉玛干沙漠面积将减少，和田河畔的荒漠河岸胡杨疏林将消失，柴达木盆地的大片戈壁、盐壳及风蚀沙地将有 50% 发展为荒漠植被，青海湖周围的草甸和沼泽北延到祁连山下、西伸到柴达木盆地边缘；当温度升高、降水增加时，西北地区的草原和稀树灌木草原、草甸和草本沼泽的面积将有所扩大，部分沙漠被荒漠植被代替。而当温度升高、降水减少时，西北地区的草原和稀树灌木草原、草甸和沼泽面积缩小，荒漠植将被取而代之，荒漠化严重，农业生产受到威胁。在平均温度增加 2℃，降水增加 20% 的假设条件下，我国西部森林地带将有所变干，而草原和荒漠地带稍变湿，青藏高原各植被地带的干旱将变得较为严重，各植被的热带量

鄂尔多斯大草原

将北移。寒温性针叶林地带转变成温带区域，温带、暖温带的南部变为暖湿带与亚热带，亚热带除北部地区外，都变成热带。温带草原地带南部积温带东部荒漠地带变为暖温带，青藏高原各植被地带也都变为上一级热带量。

如果平均温度增加4℃，降水增加20%，各植被地带都将比现在变得干热，森林地带干旱程度增加，但仍能满足森林的水分要求，草原地带将变得干热，西部草原将变为荒漠区，荒漠地带沙漠化加剧。青藏高原各植被地带的干旱程度均有较大幅度的增加，沙漠化趋势加强。

知识点

植被就是覆盖地表的植物群落的总称。它是一个植物学、生态学、农学或地球科学的名词。植被可以因为生长环境的不同而被分类，譬如高山植被、草原植被、海岛植被等。环境因素如光照、温度和雨量等会影响植物的生长和分布，因此形成了不同的植被。

延伸阅读

草甸：在适中的水分条件下发育起来的以多年生中生草本为主体的植被类型。草甸与草原的区别在于草原以旱生草本植物占优势，是半湿润和半干旱气候条件下的地带性植被；而一般的草甸属于非地带性植被，可出现在不同植被带内。

土地沙漠化的原因

沙漠化与人类的关系

沙漠化的原因不仅仅是因为气候的变化，它还和人类的活动息息相关。一方面是由于森林、草原被大量毁坏，水土流失严重；干旱地区持续干旱，另一些地区又经常暴雨成灾。另一方面由于废气、废弃物越来越多，致使气温升高，气候变化紊乱。这一切，导致了日益广泛的沙漠化。

沙漠化的原因是由于气候和人类的活动而造成的土地恶化。最近由人类的活动造成的沙漠化问题变得越来越严重。

撒哈拉沙漠

非洲的撒哈拉沙漠很久以前是一片被绿色覆盖的大地。但是由于长年的气候变化，雨水稀少，最终导致土地干燥变成了沙漠。像这样的沙漠，是由气候的变化，大自然的力量而形成的。

沙漠化的原因除了自然的原因，人为的作用已成为很重要的原因。比如，森林的砍伐和放牧，农业耕作所造成的沙漠化。由于木材需求量的扩大，大量的树被砍倒，对牛羊等家畜的过度放牧，成片的草被吃完。开垦农田和耕地的扩大导致森林被砍伐，荒地的出现等等，人们为了生活助长了沙漠化的形成，这些也都造成了土地劣化。

沙漠化与土地恶化

造成沙漠化的其中还有一个原因就是盐类物质的侵蚀而造成的土地恶化，在农业耕作的时候，往往要对作物进行输水灌溉，如果进行灌溉而不好好排水的话，保含着盐类的地下水水面就会上升，进而蒸发，就会在地面堆积大量的盐分使得土地变得荒瘠。在盐类大量聚集的土地上作物将不能生长，土地就会明显地衰退下去，最终导致沙漠化。

在人口急剧增长的中国，沙漠化也是严重的问题。数十年前还都是绿地的地方，突然变成了沙漠。人口的增加是其原因之一。随着人口的增加，对蔬菜肉类的需求也会增加。而且，不断地建设住房会导致木材需求的增加。人口的增加会导致农田的扩大和森林的砍伐，最终也会成为沙漠化的原因。

➤ **知识点**

　　所谓的沙漠化就是指由于雨水稀少，高温而引起土地干燥，致使草木不能生长，到处是沙子的区域。还有，土壤的侵蚀和盐类的堆积也是导致沙漠化的重要原因。当今沙漠化正在以这些沙漠为中心向其他区域扩展，现在沙漠化的进展速度已经到了人类不可忽视的地步。

🌱 **延伸阅读**

　　沙漠化最严重的地方是以撒哈拉沙漠为中心的非洲大陆。让人惊奇的是撒哈拉沙漠正在以每年 150 万公顷的速度扩张，要任其发展下去，非洲的大陆就会变成一个沙漠的大陆。还有，中国的沙漠化已经影响到中国东部，沙漠里的沙子随着风吹到了北京。

沙漠化给人类造成重大损失

全球沙漠化的所在

　　沙漠化，不仅是大气的一个重要污染源，而且正在威胁着人类和地球的生存。

　　20 世纪 60 年代末和 70 年代初，非洲西部撒哈拉地区连年严重干旱，造成空前灾难，使国际社会密切关注全球干旱地区的土地退化。

　　全球沙漠化的面积，几乎相当于中国、俄罗斯、加拿大、美国的领土总和。沙漠化正影响着 100 多个国家，包括 80 多个发展中国家。

　　据联合国统计，沙漠化每年造成的直接经济损失达 423 亿美元，间接经济损失是其 2～3 倍，有的地方甚至达 10 倍。全球每年治理沙漠化花费 100 亿美元。在人类面临的诸多生态环境问题中，沙漠化是最为严重的灾难。

　　历史上，沙漠化埋葬了许多文明。中国古代"丝绸之路"上的楼兰王国，就是被沙漠埋葬的。作为连接欧、亚大陆桥梁的"丝绸之路"，早已深深地被埋在沙海之下。

沙漠化的危害

沙漠化集中在非洲、亚洲、拉丁美洲的发展中国家。非洲在今后30年，人均耕地将减少2/3；亚洲沙漠化土地，相当于非洲沙漠的73%。我国西北、华北、东北共11省，分布着12块沙漠和沙地；全国沙漠化土地占国土的1/3，直接危害5 000多万人，4亿人生活受到影响。20世纪70年代以前，我国沙漠化土地每年扩大1 650平方千米，而进入20世纪80年代以后，以每年2 100平方千米的速度扩大。目前，我国已成为世界上沙漠化面积最大、分布最广、危害最严重的国家之一。

沙漠化伴随着缺水，植被成片衰败、死亡，野生动物逐渐绝迹，农牧民只得迁往他方。

我国荒漠化形势十分严峻

根据1998年国家林业局防治荒漠化办公室等政府部门发表的材料指出，我国是世界上荒漠化严重的国家之一。根据全国沙漠、戈壁和沙化土地普查及荒漠化调研结果表明，我国荒漠化土地面积为262.2万平方千米，占国土面积的27.4%，近4亿人口受到荒漠化的影响。据中、美、加国际合作项目研究，中国因荒漠化造成的直接经济损失约为541亿元人民币。

我国荒漠化土地中，以大风造成的风蚀荒漠化面积最大，占了160.7万平方千米。据统计，20世纪70年代以来仅土地沙化面积扩大速度，每年就有2 460平方千米。

塔库拉玛干沙漠

土地的沙化给大风起沙制造了物质源泉。因此，我国北方地区沙尘暴（强沙尘暴俗称"黑风"，因为进入沙尘暴之中常伸手不见五指）发生越来越频繁，且强度大，范围广。

根据对我国17个典型沙区，同一地点不同时期的陆地卫星影像资料进行分析，也证明了我国荒漠化发展形势十分严峻。毛乌素沙地地处内蒙古、陕西、宁夏交界，面积约 4 万平方千米，40 年间流沙面积增加了 47%，林地面积减少了 76.4%，草地面积减少了 17%。浑善达克沙地南部由于过度放牧和砍柴，短短 9 年间流沙面积增加了 98.3%，草地面积减少了 28.6%。此外，甘肃民勤绿洲的萎缩，新疆塔里木河下游胡杨林和红柳林的消亡，甘肃阿拉善地区草场退化、梭梭林消失……一系列严峻的事实，都向我们敲响了警钟。

知识点

> 戈壁，在蒙古语中有沙漠、砾石荒漠、干旱的地方等意思。在中文里又称"瀚海沙漠"（瀚海又指贝加尔湖）、"戈壁滩"、"戈壁沙漠"。戈壁是世界上巨大的荒漠与半荒漠地区之一，绵亘在中亚浩瀚的大地，跨越蒙古和中国广袤的空间。戈壁多数地区不是沙漠而是裸岩。

延伸阅读

　　丝绸之路：简称丝路，是指西汉（前 202—8）时，由张骞出使西域开辟的以长安（今西安）为起点，经甘肃、新疆，到中亚、西亚，并联结地中海各国的陆上通道（这条道路也被称为"西北丝绸之路"以区别日后另外两条冠以"丝绸之路"名称的交通路线）。因为由这条路西运的货物中以丝绸制品的影响最大，故得此名（而且有很多丝绸都是中国运的）。其基本走向定于两汉时期，包括南道、中道、北道 3 条路线。

温室效应与海平面上升
WENSHI XIAOYING YU HAI PINGMIAN SHANGSHENG

随着全球气温的上升，海洋中蒸发的水蒸气量大幅度提高，加剧了变暖现象。全球变暖对海洋有以下两个影响，从而导致海平面上升。

全球变暖将造成海洋混合层水温上升，升温造成的热膨胀能显著地造成海平面的上升；气温和海水温度的上升将造成极地冰冠的大量融化，融化的冰冠进入海洋，促成海平面上升。

如果将来气温大幅度上升，对极地将产生巨大的影响，那时极地冰川和冰冠将大量融化，其对海平面上升的贡献将远远超过混合层热膨胀的贡献。在 21 世纪，全球海平面上升的平均速度约为每 10 年 6 厘米，预计到 2030 年，海平面将上升 20 厘米，到下个世纪末海平面将上升 65 厘米，沿海地区和沿海城市，将会在全球变暖的过程中成为首当其冲的"重灾区"。

海平面上升的现象

海平面上升的影响

海平面上升指由全球气候变暖、极地冰川融化、上层海水变热膨胀等原因引起的全球性海平面上升现象。

古代杞人忧天倾，今天的科学家忧海侵，而且对海侵的忧虑还是很深沉的。事实已经充分证明，这并非是耸人听闻。

海平面的上升绝不只是一个自然现象，对于人类来说，它会带来巨大的灾难。

根据德新社报道的联合国有关部门的估算，全世界目前有 35 万千米海岸线，6 400 千米城市海岸线，10 700 千米位于旅游区的海滩及 1 800 千米的港口地带，世界 1/3 的人口和多数大城市都分布在这些海岸线上和大河口地区，其中世界上最大的 35 个城市中有 20 个地处沿海，如果海平面真的出现 1～2 米的上升，世界级的大城市，如纽约、曼谷、悉尼、墨尔本、里约热内卢、圣彼得堡、上海，将面临着浸没的浩劫。同时，最主要的工业区和最富庶的郊区农业基地也会遭到灾难性的损失，大面积的土地亦将没入海下，还会导致海岸线移动，陆海变迁，对大陆架和海岸地貌，浅海近岸产生难以预料的影响。

由于海水上涨，土地下沉，埃及尼罗河三角洲正慢慢消失在地中海里，一些土地和城镇将从版图中消失。预计 20 年后，现在的港口城市塞得港等地将沦为一片汪洋。

不断上涨的洋面大大降低了孟加拉国自然屏障对风暴潮的抵抗力，风暴潮竟可长驱直入到入海口上游 160 千米处。1970 年发生的 20 世纪最严重的风暴潮灾难，几乎横扫了孟加拉乡镇，席卷而来的风暴潮一开始就夺走了 30 万条人命，淹死了几百万头牲畜，摧毁了孟加拉国大部分渔船。

南亚岛国马尔代夫的 2 000 多个大小岛屿中的不少岛礁，因为海水不断上涨，已经淹没。首都马累的国际机场也多次被海水所淹。现在大多数岛屿仅高于海平面 1 米左右，一旦洋面继续上升，它们将统统不复存在。

科学家们的发现

科学家们研究发现，自从 1993 年以来，全球的海平面平均每年上升 3 毫米，而且这一趋势还在不断加剧。海平面的上升对人类来说是一个危险的信号，它不仅影响到那些在海边居住的人们的生活。随着海平面的上升，它会从地球上吸收更多的热量，冰川也在随之融化，是否有什么办法可以阻止海平面上升这一趋势呢？

美国航空航天局喷气动力实验室的专家称，"我们观测发现全球海平面的上升才刚刚开始，我们需要知道的并不仅仅是海平面上升了多少这样一个简单的数字，而是到底是什么原因造成了这种情况的发生，我们还要知道如果这种情况得不到遏制的话会发生什么。"

实验室的研究小组的主要任务就是研究海平面上升的原因及其对人类造成影响的程度，并希望能够制造出一个完整的系统来阻止这种现象的继续发生。目前，科学家们已经掌握了掌握了海平面上升的基本规律，而且能够较为准确地预报出未来的海平面变化情况。

另一名来自美国航空航天局喷气动力实验室的海洋学家称，"导致全球海平面上升的原因有两个。一是由于海水温度上升，二是河流注入海洋的水流量增多。全世界没有一个单独的海洋监测系统可以准确地判断出海平面上升的原因，但把不同的监测系统综合起来就可以得出正确的结论。"

研究海平面上升方案

在研究海平面上升方面主要有三大全球监测系统。一是卫星监测系统，它可以精确测量出海平面的高度，科学家们利用它绘制了精确的全球海平面图，并且跟踪其中的变化情况。第二个是"格雷斯"系统。这一系统可以准确测量出地球个任何一个地方的降雨量，它对于监测海平面变化主要起两方面的作用，一是监测冰川的变化情况，二是监测整个海洋的水量情况。第三个主要的系统就是数以万计的海洋探测装置，它们可以准确探测出海洋表面及深水的温度变化情况。

科学家们介绍称，自 1993 年以来，海平面涨幅的一半都是由于海洋的热膨胀造成的，而另一半则是由于冰川融化造成的。一位地球物理学家称，"在过去的 40 年里，海洋由于吸收大气中的热量使其温度上升了约 27℃，这也是造成海平面上升的最主要的原因。"

海水在变暖的气候影响下受热膨胀进而导致了海平面上升。除此之外，冰川加速融化也使海平面上升的速度加快。

参加 2007—2008 国际极地年的数千位科学家得出的结论，南极冰川比预计融化得要快，这会导致前所未有的海平面上升。他们认为，不仅是南极半岛，整个大陆的西部都在融化。

温室效应引起全球变暖，海水在变暖的气候影响下受热膨胀进而导致了海平面上升。海平面上升给人类带来许多负面的影响。

知识点

> 　　20 世纪以来，全球变暖引起全球海平面上升了 10～20 厘米。我国海平面呈明显上升趋势，这将使许多海岸区遭受洪水泛滥的机会增大，遭受风暴影响的程度和严重性加大，还会引起海岸滩涂湿地、红树林和珊瑚礁等生态群的丧失，造成海水入侵沿海地下淡水层，沿海土地盐渍化等，从而造成海岸、河口、海湾自然生态环境的失衡，给海岸生态环境带来灾难，同时也将对当地的社会经济产生严重的影响。

海平面上升的危害

不得不重视的全球变暖

　　全球变暖导致的海平面上升会对 3 000 多个城市构成威胁。人类不得不对这样的情况予以重视。

　　美国宇航局戈达德太空研究院的首脑已经预测过海平面每 100 年至少上升 1 米。他认为我们的气候将很快达到颠覆的顶点，即达到极限点，不能逆转的点。到那时，冰原将快速消融。

　　研究小组发现有证据表明较大的冰原能快速分裂。而且，导致劳伦泰冰盖快速分裂的力量相当于现今格陵兰冰原所面临的这种破坏力。如果科学家从劳伦泰冰盖消亡获得的教训是对的，那么，由格陵兰冰原消融导致全球海平面上升的估计就严重低估了。

　　总之，这些冰原拥有的水量足可以导致全球海平面上升 70 米。而首脑的研究仅仅只考虑了格陵兰冰原。如果海平面每 100 年上升 1 米的预测是对的，那么到 2108 年至少有 1.45 亿人得告别自己的家园，其中大多数是亚洲人。近来的研究表明陆地冰原可能比原来我们设想的要融化得更快。受危害最严重的城市可能是冈比亚首都班珠尔、尼日利亚经济首都拉各斯以及那里的 1 300 万个家庭，现在拉各斯一些低于海平面的地区已经饱受频繁的洪水袭击。

海水入侵的危害

海平面上升造成的另一个严重危害是海水对内陆肥沃农田的入侵。"这将使得地下水不再能饮用，也不再适宜农业灌溉，造成食品和饮用水危机。""地球之友"驻加纳的一位计划协调说。

马尔代夫

为此，环境专家们提出了不同的解决方案，不过都认为建设庞大的海岸防浪堤没有用处，而且成本太高。海洋地质学家、德国环保组织海因里希·伯尔基金会在尼日利亚的计划执行负责人说，"明智的选择是迁移到高地，但这也是个艰难的选择，尤其是对于尼日利亚来说，这意味着放弃其位于拉各斯的经济中心以及德尔塔三角洲的石油储备。"

负责人同时坚称，"考虑到其经济、社会和文化影响"，重新安置人口计划是绝不可以考虑的，因为这种解决方案只是考虑了问题的起因却没有考虑如何适应其结果。他还说，"工业化国家应该先行采取措施以削减二氧化碳排放。"但是也有专家说，即使二氧化碳排放大幅下降，在今后50到100年里海平面仍将会不断上升。

由于各国的发达地区几乎都集中于低海拔的沿海地区，随着这些地区被淹没，全球各国力量恐怕要重新洗牌。一大批岛国如马尔代夫、瑙鲁等国将彻底消失，大一些的岛国如日本面积将压缩至只有原来小半的山地，岌岌可危。

🔹知识点

海平面上升会对人类的生存和经济造成缓发性的影响，正因为它是缓发性的，因而往往不被人们重视，以为每年几个毫米的上升还构不成危险。其实，这种灾害是累积和渐进的。现在，它已经给沿海地区的居民带来了危害。它使沿海地区灾害性的风暴潮发生更为频繁，洪涝灾害加剧，沿海低地和海岸受到侵蚀，海岸后退，滨海地区用水受到污染，农田盐碱化，潮差加大，波浪作用加强，减弱了沿岸防护堤坝的能力，迫使设计者提高工程设计标准，增加工程项目经费投入，还将加剧河口的海水入侵，增加排污难度，破坏生态平衡。

延伸阅读

由于海平面上升，中国东北将新增两个出海口，抚远和珲春；辽东湾将向北退至铁岭市；京津冀地区的秦皇岛、天津、唐山、北京以及河北省的东南部将沉入海底；山东半岛将变成两个岛屿；江苏和上海将消失，仅有云台山紫金山等零星小岛；安徽的淮北平原和长江沿岸地区被淹；江西的鄱阳湖平原、湖北的江汉平原、湖南的洞庭湖平原三大粮食产区被淹没，形成一个大湖区；浙江、福建、广东、广西的海岸线退缩较少，但杭嘉湖平原和珠三角平原淹没；台湾、海南的沿海平原被淹；九大商品粮基地将有6个被淹没，到时候吃饭都成问题。

威尼斯水城被水淹

气候变暖，威尼斯被淹

海平面上升会威胁到很多沿海城市，威尼斯同样面临被淹没的危险。有的专家预言，威尼斯早晚要沉掉。

暴雨后导致的洪水，会造成威尼斯全城水位上涨。2008年12月1日，威尼斯当局发出警报，警报称海水可能要比正常水位上升1.6米，这次水位上涨是1986年来最高的一次。狂风使大量的海水漫入威尼斯，全城最高水位涨到1.56米，超过1.1米的洪水警戒线。威尼斯陷入瘫痪了：几乎所有街道都被水淹没；著名的圣马可广场上，水深达到了80厘米。

威尼斯最严重的洪水发生在1966年11月4日。当时，整个意大利许多地方都发生了水灾，而威尼斯城的积水深达1.94米，城中5 000居民无家可归。每年的洪水入侵，使越来越多的居民选择了逃离。从1966年至今，威尼斯的人口从12.7万人减少至6.5万人。

"现在，威尼斯差不多每年都要被淹上一次，遇到雨水丰沛的年头，几乎是每周被淹一次。"中国地质环境检测院工程师认为，这是一个必然现象。威尼斯每年都会遇到风暴潮，而且越来越严重。"我们从地质的眼光看，大概在20至30年后，最迟也就是50年，威尼斯就会消失不见。"

城市沉降，威尼斯危险

威尼斯的被淹除了气候变暖的原因外，与城市的沉降也有很大关系。

目前，全世界的海平面处于上升中，只是每个海域所上升的幅度不同。威尼斯本身的海拔很低，很多地方又都处在海的入海口处，或是海边的交互地带。只要海平面上升，海水自然就会涌入城中。这种现象与全球演化密不可分。因为地质在冰期与间冰期之间，呈周期性变化。冰期非常寒冷，而间冰期是比较温暖的时期，温暖就必然会导致冰雪融化。虽然人类的活动会对环境造成一定的破坏，加速气候变暖，但这种影响相对于地球本身的演化，并不算大。

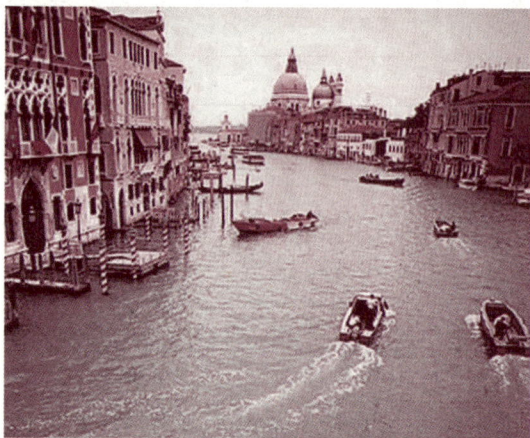
水漫威尼斯

此外，威尼斯还处在软土上，被称为"软土三角洲"。这种类型的土地属于松散地层，迟早都会出现一个自然压缩的过程。

"这就好像沙子之间存在缝隙，如果将重物压在沙层之上，或将沙层中的水抽掉，沙子就会下陷、变得紧密。"专家说，威尼斯目前就处于这种状况下。城市本身就在自然压密，然而二战后，当地为了满足工农业发展的需求，大量开采地下水，加速了软土层压缩的进程。土层被压缩后，反映在地表就是高地消失。土层在下降，海平面在上升，从而加剧了对城市的破坏。

虽然下沉的情况在贫水年和丰水年会有差别，但城市沉降是长期的。哪怕气候控制得很好、降水量很少，城市也在逐渐下沉。到目前为止，威尼斯在 20 年内已经下沉了 30 多厘米，威尼斯人生活的中心——圣马可广场，只高于警戒水位 30 厘米。现在，只要洪水发生，圣马可广场就会浸入在水面下 10 厘米，而且情况还在不断恶化。

"竹篱笆"的工程

距离曼谷不到 40 千米的龙仔厝府潘泰诺拉新村本来是一个美丽而宁静的村庄，拥有特殊的生态环境和适合种植林业的黏土资源，因此，这里周边的红树林一直生长得相当茂盛。红树林具有防风消浪、促淤保滩、固岸护堤、净化海水和空气等功能，素有"海岸卫士"的美誉。也正因此，村民们虽然生活不算富裕，但得以世世代代在这里平安地劳作。

然而，由于几十年前当地政府实施鼓励人工养虾的政策，致使本应被树林和植物覆盖的区域变成了养虾塘，加上人们对海水资源的过度开发以及全球气候的变暖，当地海水上涨现象越来越严重，直至将原本属于小村庄的土地完全淹没，村民世世代代居住的家园被毁灭。

为抵抗海水的进一步侵袭，潘泰诺拉新村实施了一个名为"竹篱笆"的工程，即在离岸边 100 米处的浅海区域内用竹子筑成两排长达 2 000 米的竹篱笆，两排篱笆之间相隔 50 米。这项工程不仅有效阻止了海浪对村庄的进一步侵袭，同时还能最大程度地保留这片浅海域中鱼虾等生物的生存。

竹篱笆的工程

与此同时，村民们也意识到了红树林的重要性，他们将海岸附近原本用于人工养虾的区域全部用于种植红树类植被，以对抗海水的上涨和海浪的冲击。

相同的遭遇，不同的命运

也许潘泰诺拉新村是以人力对抗气候变化问题的一个成功案例，可是距离该村不到 15 千米的北榄府班孔萨姆金村就不那么幸运了。同样位于泰国湾沿岸的班孔萨姆金村由于地形原因，受到来自 3 个方向海浪的冲击，无法套用潘泰诺拉新村同样的"竹篱笆"工程模式。目前，班孔萨姆金村只有在海水中建起高达数米的水泥柱以暂时抵挡海水入侵，但水泥柱所需的高昂花费根本不是这个贫困的小渔村所能负担的。该村共有 17 户人家，短短 10 年间，由于海浪的侵袭，村子已经往后推延了数千米，几乎每一户人家都被迫搬迁 5~8 次，以躲避海水的漫延。不远处的海水中还能看见一些若隐若现的房屋残骸，而散布在海平面上的数根电线杆在提醒着人们，这片汪洋曾经也是一片平静安详的乐土。

孔萨姆塔拉瓦寺庙是班孔萨姆金村最重要和最古老的寺庙。近年来，海水平均每年上涨 25 毫米，导致寺庙四周被海水淹没，面积仅存 7%，与村子之间只能通过人工搭建的木桥相联结。寺庙住持阿提甘说，"也许再过 20 年到 30 年，孔萨姆塔拉瓦寺将不复存在。"

▶ 知识点

威尼斯城早晚要沉掉，这毫无疑问！和威尼斯一样有着相同命运的，还有泰国的曼谷、美国的纽约，以及中国的上海，这几个城市也遭受着由于海平面上升、地基下陷而导致消失的威胁。

延伸阅读

威尼斯的地理位置：穿过亚得里亚海，进入意大利东北部，就能看见威尼斯躺在眼前，俯瞰起来形如一只海豚。这座总面积不到 7.8 平方千米的城市，由 118 个小岛组成，177 条运河如同蜘蛛网一般密布于城市之中。大约 350 座桥将小岛和运河连在一起。

南极冰川加速融化

南极的危险

气候变暖影响了北极熊的生存环境，也影响了南极冰川的融化速度。南极有冰架的面积在减少，有的甚至已经消失。

此前，大多警示针对伸向南美的狭长地带，即南极半岛。然而，极地年策划指导委员会英国专家指出，卫星资料和自动气象观测站显示，南极变暖"同样延伸至南极大陆西部，这是未曾预料的罕见现象"。

专家谈到，西部南极最大的松岛冰川，移动速度比 20 世纪 70 年代上升40%，加快了融水和融冰涌入大洋。史密斯冰川移动比 1992 年加快了 83%。他认为，冰川加速滑向海洋是由于阻止它们的漂浮冰架正在融化。

专家指出，由于消融大大多于新增降雪，该区域冰川年损失总量约为1 140亿吨。他解释道："这相当于整个格陵兰冰架目前的损失量。我们从未意识到它移动得如此之快。"

国际极地年期间，来自超过 60 个国家的上千名科学家对南北极进行了紧张研究。

南极冰架的缩减

因为全球变暖的影响，南极一个名为沃迪的冰架已经完全消失，另外还有两个冰架的面积也在迅速减少，面临坍塌危险。这些发现进一步证实，南极冰川融化的速度比人们想象的要快得多。

冰架是陆地冰延伸入海后形成的一片厚大的冰。美国地质勘探局曾发表公报说，他们与英国南极考察处的研究人员通过卫星图像和其他最新勘探技术发现，自从 20 世纪世纪 60 年代开始解体的南极沃迪冰架现在已经完全消失，而另一个名为拉森的冰架的北半部分也不见了，自从 1986 年以来，拉森冰架消失的面积超过了 8 500 平方千米。

格陵兰岛冰川

研究人员将沃迪冰架的消失和拉森冰架面积的缩小归咎于全球变暖。美国内政部长在公报中说："南极冰架的快速消融再次表明，气候变化给地球带来的深刻影响远远超过人们的想象。"

欧洲航天局也发表公报说，他们获得的最新卫星图片显示，连接南极夏科岛和拉塔迪岛的威尔金斯冰架出现新裂缝，这有可能加速冰架的断裂。在过去一年里，威尔金斯冰架的面积减少了约 1 800 平方千米，占到总面积的

14%。目前，威尔金斯冰架的平均宽度只有2.7千米，最狭窄区域的宽度只剩下900米。

欧洲航天局说，在过去的50年里，靠近南美洲的南极半岛的气温升高了2.5℃，远远超过了全球平均升温，气温迅速升高可能是威尔金斯冰架等南极冰架快速消融的主要原因。

南极冰原的融化

按照人类社会加速发展的趋势，南极冰川完全有可能在一二百年之内全部融化。到那时海平面将上升60米。

南极西部冰盖在大半个南极洲的海拔1 800米处耸立。它含冰220万立方千米，和格陵兰冰盖的含冰量相若。有科学家担心，如果全球暖化按目前的趋势发展下去，南极西部冰盖有可能在未来数百年甚至数十年间局部甚至全部崩塌。

一旦冰架全部融化，冰盖也将崩塌，造成全球部分沿海地区的海平面上升6~7米。不过，南极大冰原融化的水，并非均匀地分散到世界各地海洋中，而是会集中在北美和印度洋周围。这对美国东岸来说是坏消息，因为美国东岸可能在一次海水膨胀中首当其冲。

对气候转变引起海平面上升，以前有很多分析模式都假设来自融化的大冰原和冰川的水，会简单地流入海洋，均匀地充满海洋。这些分析模式预计如果南极西部大冰原融化，会导致海平面上升5米，但这些分析模式忽略了3个重要因素。

首先，加拿大多伦多大学的杰·米特罗维察和同事把南极大冰原对周围的水产生的引力考虑在内，这股引力会把水扯向北极。而随着大冰原融化，这种水涨会与融水一齐散入周围海洋。因此，南极洲附近的海平面会下降，而远离南极的海平面则会上升。

冰一旦融化，其压力的释放还可能会导致南极大陆架上升100米。随着冰的重量对大陆架的压迫被解除，被压的岩石会抬起来，取代海水，海水则会向各处海洋扩散。

地球轴心或将转移

如此大量的水若重新分布，甚至有可能改变地球旋转的轴心。该研究小组估计，南极会向南极洲以西转移500米，北极会朝相反方向转移。由于地球的旋转会在赤道与南北极之间区域的海水制造膨胀，因此这些涨水也会随着轴心的改变而轻微转移。

这一连串连锁反应的最终受害者将是北美洲和印度半岛。北美大陆和印度洋将经受最大的海平面改变的冲击——据估计，美国东岸的海平面将上升1～2米。华盛顿特区正好坐落在该地区正中，这意味着华盛顿特区海平面上升可能高达6.3米。大水也有可能把整个南佛罗里达州及路易斯安那州南部淹没。包括加州在内的北美洲西岸、欧洲和印度洋一带的沿岸地区的水淹程度也可能超出原先预期。

该研究小组现时仅考虑一个大冰原融化带来的后果，世界各地其他大冰原的融化也会产生类似的结果。

然而，这些模式都是假设整个南极西部冰盖会全部融化，但英国南极探测研究所的彼得·康维指出，情况未必如此悲观："人们都把注意力集中在6米这个数字，但实际情况未必如此。"

"未来的某一天，由于接连好几个世纪的全球气温的不断上升，南极和北极的

南极冰盖

冰雪都融化了。水面不断地提高，原先的大陆和岛屿相继被汪洋大海所吞没。陆上的生物几乎完全消失了。新出现的一种半人半鱼的统治生物在马里纳的领导下，与海盗斯摩克斯正在为泥土、淡水展开疯狂而惨烈的争斗……"

这是好莱坞的科幻新作《未来水世界》所展现给观众的场面。这部在世界电影史上创下投资最高纪录（2亿美元）的巨片，揭示的是全球气候变暖所造成的严重后果。片中出现的未来场面是否真有科学依据，也许没人在意，但影片所提出的全球气候变暖趋势，却引起人们的深思。

1989年6月5日"世界环境日"主题便是"警惕，全球变暖"。而联合国环境规划署所确定的1991年"世界环境日"的主题是"气候变化——需要全球合作"。气候的变化确实已经成为限制人类生存和发展的重要因素，成为全球所关注的话题。

延伸阅读

　　南极大陆的总面积为 1 390 万平方千米，相当于中国和印巴次大陆面积的总和。南极大陆 98% 的地域被一个直径为 4 500 千米永久冰盖所覆盖，其平均厚度为 2 000 米，最厚处达 4 750 米。南极夏季冰架面积达 265 万平方千米，冬季可扩展到南纬 55°，达 1 880 万平方千米。总贮冰量为 2 930 万立方千米，占全球冰总量的 90%。如其融化全球海平面将上升大约 60 米。

北极地区变孤岛

北极冰川告急

　　北极地区气候变暖的速度是地球其他地区气候变暖速度的两倍，这对北极地区的生态系统构成了严重威胁。

　　温室效应引起的全球变暖会导致冰川融化已经不是新闻。但有的冰川在历史上经历过二次消融，这一点并不是人们能够预料到的。

　　科学家经过调查发现了在 9.5 万到 7 000 年前曾覆盖大部分北美地区的劳伦泰冰盖快速消融过两次。研究人员通过研究岩石中的铍同位素来测定劳伦泰冰盖最后两次是如何消融的。他们发现此冰盖在 9 000—8 500 年前快速消融，之后处于稳定，再之后在 7 600—6 800 年前发生了最后的快速消融。此小组计算出此冰盖每一次融

正在消融的北极冰川

化期所释放出来的水量以及由此导致海平面上升的速度。他们得出在消融早期每 100 年应该导致海平面上升 1.3 米，而在最后消融时期，每 100 年应该

导致海平面上升 0.7 米。

之后，科学家采用复杂的电脑模型——即常用于预测未来天气变化的模型来模拟在温暖世界中的冰原是如何快速消融的，又如何导致海平面上升的，以此来检验他们的计算结果。结果表明，此模型预测当时的海平面每 100 年上升了 1.3 米。

美国宇航局戈达德太空研究院的专家说："导致劳伦泰冰盖快速分裂的力量和同一电脑模型预测我们这个世纪将经历的这种力量相当，如果我们不尽快遏制温室气体的排放，劳伦泰冰盖快速消亡事件将可能重演。"

目前地球气候正在发生变化。英国布里斯托尔大学的教授表示，"劳伦泰冰盖应对以往气候变化的这种动态反应可以认为与格陵兰冰原目前和未来的消融情况类似。然而，他们的工作表明格陵兰冰原未来消融将导致海平面每 100 年上升 1 米应该没有问题。"

冰川融化的计算

有过这样的预测：冰川融化，北极成为孤岛，继而世界第二大冰川——北极的格陵兰冰川可能全部融化，海平面将上升 7.5 米。届时，包括伦敦在内的世界许多沿海城市、一些低地国家的大片地区将被淹没。这个预测结论看起来有些耸人听闻。究竟是怎么算出来的呢？

计算的方法是这样：格陵兰岛是地球上最大的岛屿，面积达 220 万平方千米。90% 的面积、约 180 万平方千米常年被冰雪覆盖，形成了格陵兰冰盖——世界最大的冰盖之一，该冰盖的平均厚度达 2 300 米，与南极冰盖的平均厚度 2 400 米相似。格陵兰岛上冰雪的总量约为 300 万立方千米，约占全球总冰量的 9%，冻结的水量约等于世界冰盖冻结总水量的 10%。如果这些冰量全部融化，全球海平面将上升 7.5 米。那么整个北极的冰盖融化的话。后果将不堪设想。

其实，这还不算厉害的。如果全球变暖导致南极冰盖全部融化的话，据说，海洋的海平面将会上升超过 60 米。（南极洲接近 99% 的大陆面积都被冰原所覆盖，其平均高度高达海拔 2 500 米。南极冰原的平均深度大约有 2 000 米，已被测量的最深深度约 4 700 米。南极洲拥有全世界 91% 的总冰量。）

知识点

　　冰川或称冰河是指大量冰块堆积形成如同河川般的地理景观。在终年冰封的高山或两极地区，多年的积雪经重力或冰河之间的压力，沿斜坡向下滑形成冰川。受重力作用而移动的冰河称为山岳冰河或谷冰河，而受冰河之间的压力作用而移动的则称为大陆冰河或冰帽。两极地区的冰川又名大陆冰川，覆盖范围较广，是冰河时期遗留下来的。冰川是地球上最大的淡水资源，也是地球上继海洋以后最大的天然水库。七大洲都有冰川。

延伸阅读

　　冰盖，是一块巨型的圆顶状冰，覆盖着广大地区的极厚的冰层，覆盖少于50 000平方千米的陆地面积（一般常见于高原地区），覆盖面积超过50 000平方千米的叫作冰原。一般指大陆冰川，南极和格陵兰为两个大冰盖。

温室效应与动植物的变化
WENSHI XIAOYING YU DONGZHIWU DE BIANHUA

　　科学家已发现生态系统正在发生越来越多的变化。在气候变化影响下，生物与生态系统在发生着多方面的变化。

　　生物的发育节律与物候现象出现了明显的变化，如植物的展叶期提前、开花期提前和枯黄落叶期推迟，生长季节延长，以及迁徙动物的迁徙时间改变等。

　　全球性气候变暖并不是一个新现象。过去的 200 万年中，地球就经历了 10 个暖、冷交替的循环。在暖期，两极的冰帽融化，海平面比现今要高，物种分布向极地延伸，并迁移到高海拔地区。相反，在变化过程中，冰帽扩大，海平面下降，物种向着赤道的方向和低海拔地区移动。无疑，许多物种会在这个反复变化的过程中走向灭绝，现存物种即是这些变化过程后生存下来的产物。物种能够适应过去的变化，但它们能否适应由于人类活动而改变的未来气候呢？这是一个悬而未决的问题。但可以肯定的是，由于人为因素造成的全球变暖要比过去的自然波动要迅速得多，那么，这种变化对于生物多样性的影响将是巨大的。

热带雨林生物多样性受损

热带雨林具有最大的物种多样性

　　虽然全球温度变化对热带的影响比对温带的影响要小得多，但是，气候变暖将导致热带降雨量及降雨时间的变化，此外森林大火、飓风也将会变得频繁。这些因素对物种组成、植物繁殖时间都将产生巨大影响，从而将改变热带雨林的结构组成。

热带雨林是地球上生物多样性最丰富的陆地生态系统，被誉为地球的基因库，地球上约1 000万个物种中，有200万~400万种都生存于热带、亚热带森林中。在亚马孙河流域的仅0.08平方千米左右的取样地块上，就可以找到4.2万个昆虫种类，亚马孙热带雨林中每平方千米不同种类的植物达1 200

雨林青蛙

多种，地球上动植物的1/5都生长在这里。然而由于热带雨林的砍伐，那里每天都至少消失一个物种。

一些生物如巨嘴鸟只能从记载中知道它们曾经存在过。现在，地球上动植物种消失的速度比过去6 500万年前的任何时期要快1 000倍，大约每天100个物种灭绝，20世纪有120种哺乳动物消失了，

9 000多种鸟类中的139种难寻其踪，有600种动物和25 000种植物濒临绝境。由于对热带雨林无节制的开发利用，生物与基因多样性在持续下降。

雨林中蛙类的减少

在对青蛙的研究中，科学家发现，从1970年到2000年，波多黎各热带雨林最低温度的平均值上升了2°F（1.11℃），这对那些对气候敏感的两栖动物影响巨大。高温导致更多干旱气候，热带雨林高地的异常连锁反应也使破坏性很强的菌类植物加快繁殖，进而影响到青蛙等动物的生存。在波多黎各附近的岛屿上，17种细趾蟾科动物中的3种已经灭绝，另有7~8种的数量已经开始下降。

此前，全球科学家一直警告说，青蛙种类的消亡和数量的下降对热带雨林的影响后果严重，这不仅剥夺了那些以青蛙为食物的部分鸟类等动物的"口粮"，而且导致原本是青蛙美食的昆虫数量大增，扰乱了生态食物链秩序，也扰乱了热带雨林世界。

热带雨林特有的树木套叠不复存在

加上橡胶、咖啡等作物的适宜种植区正好是热带雨林气候区，为了牟取经济利益，人们大量砍伐森林种植橡胶、咖啡等经济作物，热带雨林特有的生态环境被人为改变，天然林难以恢复，生物多样性的丧失不可挽回。

以我国西双版纳雨林区种植的橡胶为例，橡胶林里没有灌木，林间几乎寸草不生，没有蝉鸣，也没有鸟叫。热带雨林特有的树木套叠已不复存在，其生物多样性更是丧失殆尽。

天然林每减少 1 万亩，就使一个物种消失，并对另一个物种的生存环境构成威胁。与天然林相比，人工橡胶纯林的鸟类减少了 70% 以上，哺乳类动物减少 80% 以上，这种损失无法进行经济估算。

西双版纳雨林保护区

WEIXIAN DE QIHOU WENSHI XIAOYING

知识点

一位长年在波多黎各雨林从事生物学研究的科学家感到有些异常：自己长期以来一直在录取的潮水般的蛙鸣声，已变得稀稀拉拉。实际上，早在 1981 年，科学家就发现，雨林地区的青蛙和鹧鸪等动物开始销声匿迹。对于这一问题，全球研究热带雨林青蛙等动物的专家也有同感，而南美和美洲中部地区热带雨林动物消亡的问题尤为突出。

延伸阅读

人工林是采用人工播种、栽植或扦插等方法和技术措施营造培育而成的森林。根据其繁殖和培育方法的不同，一般分为播种林、植苗林和插条林等。

按林种分为人工用材林、人工薪炭林、人工经济林、人工防护林等。按树种分为人工马尾松林、人工杉木林、人工杨树林、人工桉树林等。

鸟类"瘦身"

气候变暖将直接影响种鸟种群

鸟类学家认为由于气温升高，导致一系列恶劣气候频繁出现，将影响候鸟迁徙时间、迁徙路线、群落分布和组成。此外，气候变化导致各种生态群落结构改变，将间接影响鸟类的种群。

人类瘦身已经司空见惯，但鸟类瘦身难道也是为了追求漂亮吗？

那自然不是了，在环境的影响之下，有些鸟类不得不改变自身而去适应周围的环境。

全球变暖已经导致了澳大利亚的一些鸟类"瘦身"。

鸟类"瘦身"的原因

澳大利亚国立大学的一位生物学家带领的科研小组在测量博物馆中 8 种澳大利亚鸟类标本后发现，过去一个世纪，栖息在澳大利亚东南部的鸟类体形缩小 2%～4%。同一时期，澳大利亚的日平均温度上升 0.7℃。研究人员认为，全球变暖可能促使鸟类向更小体形进化，因为瘦身后的体形更有助于散热。

迁徙的鸟类

墨尔本大学的动物学家认为，这项研究揭示了全球变暖的恶果，地球温度不断升高威胁到体形较大鸟类的生存。

此前的类似研究显示，英国、丹麦、以色列、新西兰的一些鸟类和哺乳动物也出现了"瘦身"趋势。

全球气候变暖将严重威胁生物多样性。因为生命体无法承受这种快速相加的巨大变化。

知识点

候鸟：很多鸟类具有沿纬度季节迁移的特性，夏天的时候这些鸟在纬度较高的温带地区繁殖，冬天的时候则在纬度较低的热带地区过冬。夏末秋初的时候这些鸟类由繁殖地往南迁移到度冬地，而在春天的时候由度冬地向北返回到繁殖地。这些随着季节变化而南北迁移的鸟类称之为候鸟。

延伸阅读

迁徙：从一处搬到另一处。泛指某种生物或鸟类中的某些种类和其他动物，每年春季和秋季，有规律地、沿相对固定的路线、定时地在繁殖地区和越冬地区之间进行的长距离的往返移居的行为现象。

如履薄冰的北极熊

溺水的北极熊

北极熊是那个茫茫无边的冰雪世界里无可争议的主宰者。它是北极的代表，在那里逛来逛去。作为"北极圈霸王"，北极熊在北极地区生活了几千年，然而随着全球变暖，它们的生活也不可避免地受到了影响。

北极熊是声名远扬的超强游泳高手，它们是整天在浮冰上来往穿梭的行者。有谁会想到溺死事件会发生在它们身上。这简直是对北极熊的"嘲弄"。但这样的事情确实发生了。

2004 年，美国科学家在波弗特湾发现了 4 只被溺死的北极熊。

北极熊是天生的游泳健将，它体形呈流线型，善游泳，熊掌宽大犹如双桨，因此在北冰洋那冰冷的海水里，它可以用两条前腿奋力前划，后腿并在一起，掌握着前进的方向，起着舵的作用，一口气可以畅游四五十千米。北极熊经常跋涉上千千米觅食，累了就在浮冰上休息。

北极熊溺水事件在当时是令人难以置信的，然而，无独有偶，2006年，英国斯哥特北极研究所负责人称又发现了两只溺水的北极熊。她说："我在斯瓦尔巴群岛以东的海面看到两只北极熊，一只看起来已经死了，另一只也奄奄一息。"北极熊通常在冰盖边缘处利用浮冰捕食，负责人说，这两只北极熊先前站在一块浮冰上，但冰块融化使它们溺水。亲历者的一面之辞可能还不足以带来震撼的效果，2008年，科学家在美国阿拉斯加西北海岸发现了9只正在海水中奋力挣扎的北极熊。

北极熊

这9只北极熊是由美国矿产管理局的科学家发现的，当时他们正在阿拉斯加西北方的楚克奇海乘坐直升飞机进行海洋调查。科学家们发现这9只北极熊当时正在一处开阔的海域游泳，最远的一只离海岸已经有96千米了。科学家分析，北极熊可能是在一块浮冰上漂流过来的，现在正在游向陆地或另一处海冰。而卫星影像显示，这附近海域的海冰几乎都已消失了。这意味着这些北极熊同样面临溺毙的威胁。

科学家将北极熊溺水事件归咎于北极冰盖的退缩——阿拉斯加海岸的海冰已向北撤退了260千米，这就意味着北极熊必须游过相当长的一段距离才能找到结实的冰层。

北极熊不是水生动物，它们的家在海冰上。在正常情况下，北极熊游四五十千米是可能的，但是要游50～100千米，它们恐怕就难以安全登岸了，还会有溺毙的危险。所以，善游泳的北极熊也是因为海中冰块分离开的长度超过了它们的游泳能力而被溺死的。而且，漫长的海上寻食路导致它们精疲力竭、体温降低、抵抗力相当虚弱，如果碰到海里的大风浪，就很容易被淹死在海里。

科学家认为，在北极，类似这样的北极熊被淹死的情况很普遍，因为近

20多年来，随着北极冰层不断融化，被迫长途寻找食物的北极熊数目已经明显增多。如果未来北极的冰层进一步融化，北极熊死亡的事件或许还会增加。

"北极霸主"面临饥饿被迫闯入居民区

全球气候变暖影响到了北极熊的生存环境。它们无奈被"逼上梁山"。北极冰原由于气候变暖裂开形成小的冰岛，北极熊被困在岛上。它们很长时间找不到东西吃。失去大片赖以捕猎的浮冰后，它们冒险到人类居住的地方去捕食。

俄罗斯北方楚科奇半岛的居民就曾经因为北极熊的觅食活动而遭殃。有居民回顾，数十头饥饿难耐的北极熊将这个地区的居民区包围了起来，并不时地窜入居民区搜刮和寻找食物。由于北极熊属于食肉猛兽，因此，它们包围城市并出没于居住小区的行为给当地居民的生活带来了极大不便。许多居民都抱怨说，他们白天都不敢上街，生怕遇见这种体形巨大的北方猛兽。有些年长而没有亲属的人甚至抱怨说，他们已经一两个星期没敢去商店，现在家里贮备的食品基本都吃光了。

没有人敢去招惹这些饥肠辘辘的大家伙。北极熊不但力气大，奔跑速度也很惊人。北极熊全速奔跑时速度可达每小时40千米，如果它盯上了谁，无论是猎物还是人都根本无法逃脱它的魔掌。闻讯赶到的科学家发现，这些胆大妄为的家伙并不是天生的不法之徒，它们也是被"逼上梁山"的。这些北极熊似乎饿了一夏天，有的母熊甚至背着小熊崽在当地的垃圾场里四处乱翻，寻找一切可吃的东西。

知识点

现在的北极熊太饿了，尤其在漫长的无冰季节，它们根本无法获得食物，可怜的北极熊，曾经是北极的霸主，现在却面临着被饿死的威胁。科学家的调查研究显示，冰雪每提前融化1周，就会使北极熊的体重减少10千克。在加拿大东北部的哈德逊湾，气温每上升1℃，就会引起雌性北极熊的体重减少22千克，这直接影响北极熊的存活和成长。

延伸阅读

一名加拿大居民也和北极熊有过"亲密接触"。据他回忆，那天他与7岁的儿子一起外出，意外碰到一头北极熊。他为了保护儿子，奋起反击体重300多千克的北极熊。搏斗过程中，两次被熊掌扇倒在地，最终，一名猎人开枪击中北极熊，他们才侥幸脱险。

美丽的珊瑚礁褪色

美丽的大堡礁

从月球上看地球，唯一可见的生物活体就是大堡礁，它是现存最大的珊瑚礁，位于澳大利亚昆士兰州东部海域，全长2 011千米，最宽处161千米。南端最远离海岸241千米，北端离海岸仅16千米。在礁群与海岸之间是一条极方便的交通海路。风平浪静时，游船在此间通过，船下连绵不断的多彩、多形的珊瑚景色，构成令人叹为观止的海底奇观。

这里除了珊瑚，还生活着1 500多种热带鱼、4 000多种软体动物、50多种棘皮动物和其他各种海洋"居民"，形成了一个复杂的珊瑚礁生态系统。当然，这些厚达几百米的礁体，不是短期内形成的，而是数以亿计的珊瑚虫历经几万年慢慢建成。从考古学家的研究成果中，我们得知，珊瑚礁已经在地球上存在了几亿年之久。然而，这一生态系统却遭遇重大冲击。

珊瑚礁发生大量白化的现象

1997年是国际珊瑚礁年，1998年是国际海洋年，全球的珊瑚礁却在这两年面临了大量白化和死亡的空前危机。根据国际珊瑚礁学会的统计，全世界至少有50个国家的珊瑚礁发生大量白化的现象，珊瑚白化的范围非常广，遍及太平洋、印度洋及大西洋的主要珊瑚礁区，而且从潮间带一直延伸到水深20米处，几乎所有的石珊瑚和软珊瑚都遭殃，同时也波及海葵、海绵、海鞘等生物。许多地区从海面或从卫星影像上，就可清楚看出海底一大片惨白的景象，珊瑚严重白化的惨状，令人触目惊心。1998年的珊瑚礁白化事件，共导致全球16%的珊瑚礁死亡，经过10年的观察，到目前为止，这些死亡礁区也还没有回春。然而，更加耸人听闻的是，澳大利亚昆士兰大学海洋研究中心主任的一份长达350页的调查报告指出，大堡礁的珊瑚将会消失！此前，他应昆士兰旅游局及世界自然生物基金会的邀请，就海水温度上升对大堡礁的影响进行了两年研究。他的报告强调，这种消失命运几乎无可挽回，因为即使海水温度只上升1℃也会出现上述情况，而21世纪的海水温度估计将会上升2℃～6℃。目前没有证据显示珊瑚能迅速适应海水温度的上升，而依靠珊瑚生活的其他海洋生物也会随珊瑚的死亡而愈来愈少，甚至绝种。

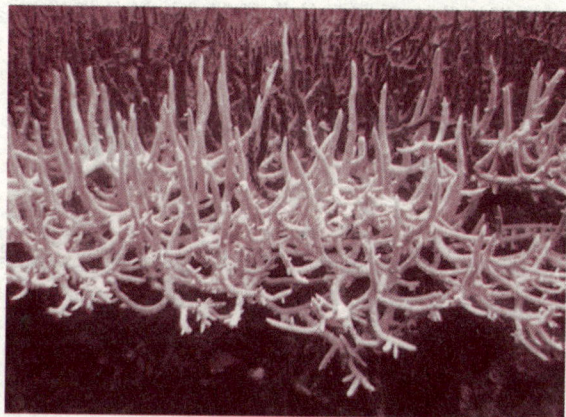

报告说，按最乐观的假设，大部分珊瑚将于21世纪中期消失，只有大约

白化的珊瑚礁

不到5%的大堡礁珊瑚礁仍将存活，而那些生活在珊瑚群中的五颜六色的鱼类也将消失。海水温度上升令珊瑚褪色并死亡，取而代之的是大片不太吸引人的水草。

珊瑚礁褪色的原因

是什么原因让珊瑚礁褪去了鲜艳的色彩？是什么导致了珊瑚铅华褪尽？那些色彩斑斓的珊瑚是否要从人类的眼前消失？

影响珊瑚白化的重要因子主要有海水温度的异常（过高或过低）、太阳辐射与紫外线辐射、海水盐度的偏离、珊瑚疾病、海洋污染、长棘海星的暴发、人类的过度捕鱼和全球 CO_2 浓度升高等。其中，海洋表面水体温度的异常升高为珊瑚白化的主要因素。

珊瑚对生长环境有非常严格的要求，适合珊瑚生长的水温一般在18℃～30℃之间，最适水温为26℃～28℃。石珊瑚在16℃～17℃时就停止摄食，13℃时则将全部死亡。

很多室内研究表明32℃为珊瑚的亚致死温度，34℃为珊瑚的致死温度。在34℃条件下，一般持续24小时后珊瑚即出现白化。

WEIXIAN DE QIHOU WENSHI XIAOYING

随着大气 CO_2 浓度的不断升高，在过去 100 世纪内很多热带水域水温升高了 1℃，预计到 2100 年水温将再升高 1℃～2℃。澳大利亚资深科学家预测到 2050 年，很多地方热带海域的水温每年中将有多次达到 1998 年那样的高温。

由于海洋吸收、释放大气中过量二氧化碳，海水正在逐渐变酸。这种变迁对海洋生态系统和依靠珊瑚礁旅游的海洋经济构成灾难性后果——现在还无法逆转。

➤ 知识点

珊瑚白化就是珊瑚颜色变白的现象。珊瑚本身是白色的，它的美丽颜色来自于体内的共生海藻，珊瑚依赖体内的微型共生海藻生存，海藻通过光合作用向珊瑚提供能量。如果共生藻离开或死亡，珊瑚就会变白，最终因失去营养供应而死。由于海洋温度不断升高，致使珊瑚所依赖的海藻减少，珊瑚也因此更易受到白化的影响。30 年前，大规模的珊瑚白化现象比较罕见，但近年来却越来越多地出现。

延伸阅读

无脊椎动物软体动物门，是除昆虫外歧异最大的类群，约 75 000 种。软体动物的形态结构变异较大，但基本结构是相同的。身体柔软，具有坚硬的外壳，身体藏在壳中，藉以获得保护，由于硬壳会妨碍活动，所以它们的行动都相当缓慢。不分节，可区分为头、足、内脏团 3 部分，体外被套膜，常常分泌有贝壳。足的形状像斧头，具有两片壳，如牡蛎。

植物群落的迁移

植物群落的大"混搭"

由于气候变化，山地生态系统正经历着一场植物群落的大"混搭"。随着地球高山上的温度变得越来越热，植物种群踏上了漫长的"搬家"之路——平均每 10 年向上转移 10 米。由于不同的植物迁移的速度存在差别，因此整个山坡植物群落的构成正在经历着变化，并且有可能向着绝灭的方向发展。

当全球变暖来临时，高山上的植物群和动物群特别容易受到影响，并且随着世代的延续，动植物生存范围的上下边界一直向山体的上端转移。法国巴黎科技研究院的植物生态学家通过分析长达 1 个世纪（1905 年至 2005 年）的不同植物的调查数据，绘制了 171 个物种的迁移地图。

总体来说，植物理想的生存范围已经上移了，并且速度很快。与全球平均温度的变化状况相比，这种向上的爬升与法国山地气温戏剧性的增加——在 20 世纪大约升高了 0.6℃——有着惊人的吻合。除此之外，各种植物都在按照不同的步伐转移它们的生长范围：仅在高山上存在的物种——例如阿尔卑斯山野花——转移得最快，而一些能够在海拔

阿尔卑斯山

较低的地区生长的物种——例如常见的桧属植物——则显得没有那么着急。同时，生命周期较短的植物——包括草和药草——要向上爬得快一些，将那些成熟缓慢的树木——例如银枞——远远地抛在了身后。研究人员断言，这种不同的迁移速度意味着气候变化正在"撕裂"山坡物种之间脆弱的联系。

俄罗斯动植物的反常

2006 年冬天对于俄罗斯的首都莫斯科来说是和以往不同的年份。

这一年莫斯科的气温持续走高，出现了多年不遇的暖冬气候。莫斯科气象部门 12 月 15 日公布的数据表明，当天日间莫斯科的气温高达 8.6℃，创造了冬季气温的最高纪录。

俄罗斯气象局局长助理说，莫斯科冬天气温的反常不仅在于创下历史新高，而且高温天气持续的时间长。她说："这在莫斯科市有气温记载以来的 120 年中还是头一次。"

俄科学院地理研究所副所长指出，俄罗斯部分地区反常的暖冬天气导致动植物出现反常反应，应该冬眠的熊不钻入洞穴，仍然精力充沛。水鸟和长

颈鹿也纷纷在露天里嬉戏，而通常在这个季节躲进温室中的灰狼和美洲豹也在室外活动。候鸟迟迟不飞往南部地区越冬，不少植物提前发芽甚至开花。

同时，莫斯科市还没有出现往年常见的雪景，公园内仍然绿草茵茵，灌木丛枝头抽出了幼芽，林中的树墩上也长出了一簇簇野生蘑菇。

知识点

灰狼是犬科哺乳动物中很出名的品种，它是犬科动物中体型最大的野生动物，现在仍然出没在北半球的广大区域。灰狼的体型在同科中较大，红狼体型比它小，生活的区域也比它小得多。

延伸阅读

阿尔卑斯山脉是欧洲最高大的山脉。位于欧洲南部。西起法国尼斯附近地中海岸，经意大利北部、瑞士南部、列支敦士登、德国南部，东至奥地利的维也纳盆地，呈弧形东西延伸，长约1 200千米，宽130～260千米，西窄东宽。平均海拔3 000米左右。总面积约22万平方千米。

植被带的北移

我国植被带的移动

预计至2030年，我国主要用材树种兴安落叶松适宜分布区的南界将北移约0.1～2.7个纬度，北界、东界和西界的变化不大。至2030年，适宜面积将减少9%左右。林区内，小兴安岭中部适宜区将缩小约10%，大兴安岭西北部地区的适宜范围将增加。

生长在我国长白山、完达山和小兴安岭地区的珍贵用材树种红松，大约气温每增加1℃，最适分布区下限上升100～150米，上限上升150～200米，南界向北退缩1～2个纬度，使红松适生面积迅速减小。然而北纬50°以北地区在气温增加1℃～2℃时将变得有利于红松生长，西界略有向西扩张；但当温度升高3℃时，西界迅速东移至北纬45°以南，整个东北适宜红松稳定生长的区域就仅仅局限于长白山的部分山地。

油松是我国特有的针叶树种。气候变化后，整个油松极限分布区将出现不十分明显的北移，低海拔区域的油松所受的影响较大。当前气候条件下分布较连续的山区，将变成破碎的岛状分布。在东北区海拔高约180～1 260米，以及西南区570～1 000米处，油松分布可能消失。到2030年适宜油松分布的面积将减少90%。

杉木是我国特有的重要用材树种。主要分布于南岭山地和雪峰山区，预计到2030年杉木的极限分布将有不同程度的变化，西界将明显东移约0.2～2.3个经度，北界将南移约0.1～0.9个纬度，南界将北移约0.1～0.5个纬度，东界变化不大，适宜杉木生长的面积减少约2%。其中，杉木中心分布区将明显收缩，约减少8%的面积。

马尾松是我国南部森林面积最大、分布最广、数量最多的用材树种，在南方各省区的森林蓄积量中马尾松约占一半。预计到2030年，极限分布范围北界将南移0.3～1.6个纬度，南界北移约0.2～3.4个纬度，西界东移约0.7～1.1个经度，东界变化不大，其中长江以南地区变化较大。适宜面积约减少9%。中心分布区将明显收缩，约减少13%。

珙桐为我国特有的珍贵树种，受第四纪冰川影响而濒于绝迹，仅在我国四川、重庆、湖北、贵州、云南等省（自治区、直辖市）尚有幸存，预计到2030年分布区东界约西移0.2～1.3个经度，北界仅东段南移0.2～0.7个纬度，西界北段变化不大，仅中南段东移约0.3～1.9个经度，南界变化不大。云南境内的珙桐变化较大，

天山以北的草原

其北界约南移0.1～1.4个纬度；西部将呈星散状分布。气候变化后适宜分布面积约减少20%。

秃杉在四川、重庆、湖北、贵州、云南、西藏等省（自治区、直辖市），呈间断分布。预计到2030年，适宜秃杉分布的面积将有大幅度减少，减少的

面积约为当前气候条件下适宜面积的57%。

地球生态系统中物种之间的关系

地球生态系统中物种之间的关系是非常微妙的，也是多种多样的。由于生物发育规律的改变，有可能使在长期进化中建立起来的物种间关系发生改变，使一些物种面临着灾难。英国有一项研究显示，大山雀是迁徙的鸟类，每年春季迁飞到英国进行繁殖，所依靠的食物是英国当地的春季开花结实的植物果实。由于近年来的气候增暖，当它迁飞到达英国时，那些植物早已开花结实，可供采食的果实大大减少，造成了这种鸟的种群数量在近年来急剧下降。所以，在气候变化的影响下，物种要么适应气候变化而改变与其他物种的关系，要么面临着灭绝的风险。IPCC在第四次评估报告中认为，当温度再上升1℃~3℃，大约30%的物种面临着灭绝的风险。

知识点

> 由于气温持续升高，北温带和南温带气候区将向两极扩展。气候的变化必然导致物种迁移。然而依据自然扩散的速度计，许多物种似乎不能以高的迁移速度跟上现今气候的迅速变化。以北美东部落叶阔叶林的物种迁移率来比较即可了然。当最近的更新世的冰期过后，气温回升，树木以每世纪10~40千米速度的速度迁移回北美。而依照21世纪气温将升高1.5℃~4.5℃的估计，树木将向北迁移5 000~10 000千米。显然要以自然状态下数十倍的速度进行扩散是不可能的。

延伸阅读

全球变暖将对我国植被的水平分布及垂直分布、面积、结构及生产力等产生很大影响。气候变化将改变植被的组成、结构及生物量，使森林的分布格局发生变化，生物多样性减少等等。据研究，到2030年，除云南松和红松分布面积有所增加（12%和3%）外，其他物种的面积均有所减少，减少幅度为2%~57%。

温室效应与人类生活

WENSHI XIAOYING YU RENLEI SHENGHUO

在工业化前 1 万年间，地球表面的平均温度变化还不超过 2℃，而近百年间地球表面平均气温则上升了 0.3℃～0.6℃。全球海平面平均升高了 10～20 厘米。据科学家预测，到 2020 年时，地球表面平均气温将要升高 2℃～4.5℃。这种增加速度大大超过了生态系统所能容忍的程度，对地球生态系统将会造成严重的影响。

这种影响包括对人类的直接影响，温室效应让人类面临更多疾病威胁，比如疾病流行和死亡率的增加。而温室效应引起的气候变化还会使传染病流行和农作物减产。专家们还认为全球变暖有可能导致一些物种的消失，以及旅游市场的消沉。

气候变暖农业敏感

对气候变化反应敏感的农业

农业是对气候变化反应最为敏感的部门之一。我国是农业大国，气候变化对我国作物生产和产量的影响在一些地区是正效应，但在另一些地区却是负效应。气候变暖后，灌溉和雨养的影响，春小麦的产量将分别减少 17.7% 和 31.4%。不考虑水分的影响，早稻、晚稻、单季稻均呈现出不同幅度的减产，其中早稻减产幅度较小，晚稻和单季稻减产幅度较大。我国玉米总产量平均减产 3%～6%；灌溉玉米减产 2%～6%，无灌溉玉米减产 7% 左右。据估算，到 2030 年，我国种植业总体上因全球变暖可能会减产 5%～10%，其中小麦、水稻和玉米三大作物均以减产为主。

气候变暖后，我国主要作物品种的布局将发生变化。华北目前推广的冬小麦品种（强冬性），因冬季无法经历足够的寒冷期而不能满足春化作用对低温的要求，将不得不被其他类型的冬小麦品种（如半冬性）所取代。比较耐高温的水稻品种将在南方占主导地位，而且还将逐渐向北方稻区发展。东北地区玉米的早熟品种逐渐被中、晚熟品种取代。

稻　田

气候变暖后，蒸发相应加大，如果降水量不明显增加，将会使我国农牧交错带南扩，东北与内蒙古相接地区农牧交错带的界限将南移 70 千米左右，华北北部农牧交错带的界限将南移 150 千米左右，西北部农牧交错带界线将南移 20 千米左右。农牧过渡带的南移虽然可增加草原的面积，但由于农牧过渡带是潜在的沙漠化地区，新的过渡带地区如不加以保护，也有可能变成沙漠化地区。气候变暖使土壤有机质的微生物分解加快，造成地力下降。在二氧化碳浓度增高的环境下，虽然光合作用的增强能够促进根生物量增加，在一定程度上补偿了土壤有机质的减少，但土壤一旦受旱，根生物量的积累和分解都将受到限制。于是需要施用更多的肥料以满足作物的需要。

多熟制北移，农牧交错带南移

随着全球变暖，那些因热量不足而致分布区受限的作物的分布北界（北半球）会大幅北移，山地分布上界会上移，结果中纬度和高纬度地区的作物布局将会发生较大变化，例如欧洲玉米分布的北界将由英格兰南部移至莫斯科南部甚至更北的地区。随着一些作物分布北界向北扩展，相伴的必然是草原、森林的开垦，林产品和畜产品可能减少，结果这些作物增加的产量能否弥补林产品和畜产品的减少还是个未知数。另一个潜在的限制因素是在新的气候带，土壤类型可能不支持目前在主要农产国现行的集约化农业。例如，在加拿大靠近北极地区，即使具有类似于现有南部稻米种植区的气候条件，但其贫瘠的土地也不能供养作物生长。作物种植区将北移，如冬小麦的安全种植北界将由目前的长城一线北移到沈阳—张家口—包头—乌鲁木齐一线。我国不同农业生态类型区，分布的种植制度结构和类型不一致，总体上是南方为一年三熟制或一年两熟制，北方为一年一熟制或两年三熟制。气候变暖将使我国作物种植制度发生较大变化。据估算，到2050年，气候变暖将使我国农业生态系统的作物种植三熟制的北界北移500千米之多，从长江流域移至黄河流域；而两熟制地区将北移至目前一熟制地区的中部，像河北省可能改变几百年来的"两年三熟"的种植制度结构，将会出现"一年两熟"的耕作制度；一熟制地区的面积将减少20%以上。东北地区玉米的早熟品种逐渐被中、晚熟品种取代。

气候变暖对作物生长发育的影响

温度升高对农作物生育作用的后果很明显，其主要影响表现在：①不能满足因温度升高而急剧增加的蒸腾耗水的需要；②由于生长季水分匮乏，很难有效利用新增加的热量和CO_2资源，提高光合生产率，使生长受阻；③由于土壤中有效水分减少，农作物生长发育的水分胁迫将会变得更加严峻；④按有关生长期的定义，由于生育期中水分供应不足，农作物的实际有效生长期并未因积温增加而有实质性的延长；⑤由于温度升高，特别是夏季温度的剧升，势必使高温日数明显增多，而降水量几乎没有增加，结果直接导致高温危害，实际上也缩短了作物的有效生长期。

温度升高可延长全年生长期，对无限生长习性或多年生作物有利；而对生育期短的栽培作物来说又是不利的，因为温度高而使作物的发育速度加快，生育期缩短，生物量减少，可能会抵消全年生长期延长的效果。光合作用积累干物质的时间减少。在平均温度升高的同时，极端温度出现的频率增加，对局部地区作物的生长发育有抑制作用。另一方面，冬季气温升高对秋播和冬播的作物生育有利，小麦、油菜等作物越冬率、分蘖或分枝增加，作物生长发育较充分，有利于产量形成。

气候变暖对农业病虫害的影响

由于温度升高，害虫发育的起始时间有可能提前，一年中害虫的繁殖代数也因此而增加，在新的适宜环境条件下，某些害虫的虫口将呈指数式增长，造成农田多次受害的概率增大。气候变暖后，黏虫发生的世代均将在原来的基础上增殖 1~2 代。另一方面，冬季变暖，病虫更易越冬，虫源和病源增大；害虫的越冬休眠期缩短，世代增多。更为严重的是多种主要作物的迁飞型害虫比今天分布更广、危害更大，黏虫越冬和冬季繁殖面积大幅度扩大。褐飞虱安全越冬北界将移至北纬 25° 附近；稻纵卷叶螟冬季越冬界线将会北移，其结果不仅大范围地加重越冬作物的病虫危害，而且也增加了来年开春迁飞害虫的基数。由于南北温差减小，黏虫、稻飞虱等迁飞性害虫春季向北迁入始盛期将提前，而秋季向南回迁期推迟，使危害的时间延长。另外，迁飞性害虫春秋往返迁飞的路径也将受到一定的影响，使其集中危害的分布区发生相应的变化。

麦　田

气候变暖会改变作物病原体的地理分布，目前局限在热带的病原和寄生组织将会扩展到亚热带甚至温带地区。冬季温度升高，有利于条锈菌越冬，使菌源基数增大，春季气候条件适宜，将会加重小麦条锈病的发生、流行。病虫害的流行蔓延，加上杂草的超常生长，意味着不得不施用大量的农药和除草剂，这将加剧环境的污染。

气候变暖对农业气候灾害的影响

在温室效应影响下高温热害加剧，将是影响我国农业生产的严重问题。由于气温升高，大气层中气流交换增强，大风天气会增加，风暴频率和强度都会有所增强，某些区域（我国黄土高原地区）因风蚀作用而引起的水土流失会加剧，进而影响农业生产。还有研究指出，气温升高后会导致土壤耗水量加大，尤其是植被覆盖度低的干旱和半干旱地区耗水量更大，旱灾会更频繁地发生，从而威胁农业的发展。我国北方地区由于季风雨带的南移可能加重干旱的危害。

气候变暖对农田基质的影响

在较暖的气候条件下，土壤微生物对有机质的分解将加快，长此下去将造成地力下降。在高 CO_2 浓度下，虽然光合作用的增强能够促进根生物量的增加，在一定程度上可以弥补土壤有机质的减少，但土壤一旦受旱后，根生物量的积累和分解都将受到限制。这意味着需要施用更多的肥料以满足作物的需要。干旱加剧后，植被减少，表土易沙化，使得耕地易受风蚀，遇到大风袭击时，将产生沙尘暴；而一旦受到暴雨冲刷，又会造成严重的水蚀。肥效对环境温度的变化十分敏感，尤其是氮肥。温度增高 1℃，能被植物直接吸收利用的速效氮释放量将增加约 4 倍。因此，要想保持原有肥效，每次的施肥量将增加 4 倍左右。这样不仅使农业成本和投资增加，而且对土壤和环境也不利。

气候变暖后，在蒸发相应加大的同时，降水量若不明显增加，则将使我国农牧交错带南扩，东北与内蒙古相邻地区农牧交错带的界限将南移约 70 千米，华北北部农牧交错带的界限将南移约 150 千米，西北部农牧交错带的界线将南移约 20 千米。农牧过渡带的南移虽然可以增加草原的面积，但由于农牧过渡带存在潜在沙漠化倾向，新的过渡带地区如不加以保护，也有可能沙漠化。

我国北方一些干旱和半干旱地区降水可能趋于更不稳定或者更加干旱，因此这些地区要以改土治水为中心，加强农田基本建设，增强有效灌溉能力，改善农业生态环境，建设高产稳产农田，不断提高整个农业抗御不良环境和外界变化的素质。

▶ 知识点

农牧业的分布格局必将随着温度、水分的变化而发生变化。气候变暖，水分蒸发量加大，加上降水量不明显增加甚至有所减少，这必将使我国农牧交错带南扩。东北与内蒙古相接地区农牧交错带的界限将南移 70 千米左右，华北北部农牧交错带的界限将南移 150 千米左右，西北农牧交错带的界限将南移 20 千米左右。农牧交错带的南移，将使我国农业生态系统的总体生产力呈现下降态势。

延伸阅读

气候变暖对农业最主要的影响很可能是极端气候条件，如干旱、炎热、洪涝、风暴、龙卷风、冰雹、冷害、霜冻等。研究认为，气候变暖会使热带风暴增加，从而对低纬度地区，尤其是海岸带的农业有重大影响。有人认为，气温升高，持续炎热，因而影响农业生产，尤其是在热带、亚热带地区更为突出。例如发生在冬小麦主产区的干热风可能使小麦大幅度减产。高温胁迫的热害已经限制了作物生产，影响玉米、大豆、高粱、谷子等的种植和产量，水稻、棉花的生育也受到强烈抑制。

影响旅游业发展

受气候影响的旅游业

旅游业是严重依赖自然环境和天气条件的产业，受到气候变化的负面影响仅次于农业。全球变暖引起的冰盖融化，海平面上升，将会导致海岸和海岛风景地的变迁，这对像马尔代夫这些依赖旅游业发展本国经济的小岛国来说是灾难性的。气候变化使海平面不断上升，处在大洋中的斐济、库克群岛和我国海南省都因此而面临严峻问题。

气候变暖使地中海东部避暑胜地气温超过40℃的天数明显增加，使澳大利亚海滨上空的云层覆盖减少，游客们的皮肤越来越多地暴露在有害的太阳射线之下，这会让旅游者"望洋却步"。

气候变化改变了旅游和户外休闲活动营业季节的长短，这对旅游企业来说生死攸关。气候变暖导致了降雪减少和旅游季节缩短，这对北美和阿尔卑斯山脉经营雪上和冰上项目的冬季休闲度假地已造成了损失。高纬度和高海拔地区的损失更大些。

旅游业造成气候变化

值得注意的是，旅游业不仅是气候变化的受害者，也是造成气候变化的重要原因。其中影响最大的是空中飞行。现在，乘飞机旅行已成为温室气体排放增加最快的来源，份额占总排放量的3%，预计到2050年会达到7%。

到 2020 年将达到 16 亿人次，旅游业的繁荣使空中飞行次数急剧膨胀，这给全球变暖造成了巨大影响，反过来又影响到旅游业自身的发展。

国际社会已经普遍认识到，要解决气候变化和旅游双向的负面影响，必须实施可持续发展的旅游政策。提倡对环境友善的，以亲近自然、减少污染和能源消耗为特征的生态旅游。目前中国已经成为世界第 5 大旅游国，二氧化碳排放量居世界第 2 位，因此旅游业的健康发展和环保方面的国际义务都要求我们实行可持续发展的旅游政策。

地中海是世界上最大的旅游胜地之一，每年都有上千万游客来到这里。而科学家警告，某一天地中海的高温将可能驱散所有的游客，曾经热闹的海滩也许会冷清下来。

据英国《自然》杂志网站刊发的一篇文章称，这只是全球变暖影响旅游业的一个方面。2009 年，热浪袭击希腊，法国南部森林失火，2010 年更是不同寻常地温暖和干燥。

目前，全球变暖已经在一些旅游地区发生影响，比如阿尔卑斯山脉积雪比 50 年前大幅减少，冬季在山坡上甚至会冒出青草，以致这个著名的滑雪胜地大不如昔。

知识点

旅游业是全球最大行业之一，每年收入超过 5 000 亿美元。对许多发展中国家而言，这是特别重要的一项收入。而《自然》网站的文章说："如果（全球变暖导致）海平面上升，马尔代夫等一些地方可能会消失。"这篇文章建议，除了稳定的政策等措施，投资旅游业需要放长眼光。文章还举例说，如果今天在加勒比海某岛屿建造旅游设施，可能还没等到赢利，它已沉到海底。

延伸阅读

气候变化还会造成传染病的传播，从而影响到旅游业。全球变暖和较大规模的气候波动在全球疾病大暴发中起着重要作用。全球范围内新传染病的出现以及疟疾、登革热和霍乱等疾病卷土重来，旅游业都是最直接的受害者。

2003 年流行的"非典"已给我国的旅游业造成沉重打击。

人体健康受损

全球气候变暖影响人类健康

气候变化可通过各种渠道对人体产生直接影响，使人的精神、免疫力和疾病抵抗力受到影响。气温变化与死亡率有密切关系，在美国、德国，当有热浪袭击时总体死亡率呈上升趋势。全球变暖对人类健康造成的不利影响在贫穷地区更加严重。

（1）全球气候变暖直接导致部分地区夏天出现超高温，心脏病及引发的各种呼吸系统疾病，每年都会夺去很多人的生命，其中又以新生儿和老人的危险性最大。（2）全球气候变暖导致臭氧浓度增加，低空中的臭氧是非常危险的污染物，会破坏人的肺部组织，引发哮喘或其他肺病。（3）全球气候变暖还会造成某些传染性疾病传播。

一位科学家以一种独特的方式，叙述过清洁空气对健康的重要性。他以简略的数字指出，一个人能 5 个星期不吃饭或 5 天不喝水而活下去，可要是不呼吸空气却不能超过 5 分钟。他还指出，一般人每天约需要 1.2 千克食物、2 千克水，可是更需要 13.6 千克空气。

"空气"被吸入和呼出肺部时经历的明显变化是，其中的氧被摄取，同时添加了二氧化碳。这一过程是自然发生的。

可是，还有其他事情发生。吸入的空气，可能含有我们迄今所知道的一切气体和微粒。较大的微粒在鼻腔或咽喉中被留住了。某些气体会在那里同液体起作用。然后，空气带着氧气及其他剩下的不良气体和微粒，便涌入肺内。当一个人呼出空气时，某些气体和非常细小的微粒会随着空气一起排出体外，可是某些中等大小的微粒留在肺内，并可能产生一连串不良后果，导致严重疾病和死亡。某些气体也能产生这一作用。

人的肺能受到各种不同形式的感染，有时候能因此诱发或加剧肺气肿，导致一种细胞恶化的病症。在另外一些情况下，各种各样的微粒涂层可能妨碍血管从空气中摄入氧的功能，某些污染物还被认为有能引起肺癌的可能。

妨碍空气正常进出肺内的呼吸系统疾病；会对心脏产生压力。当心脏已因其他病症而变得衰弱时，增加一个压力便会难以承受。正是因为这个缘故，大气污染会首先危害体质较差的老人和儿童，那些有病的老人特别容易因此一病不起。

有害气体对人的毒害，情况种种不同。有的就像1952年的伦敦烟雾那样，毒素的浓度在几天之内直线上升，达到致命水平。咳嗽开始发生，呼吸发生严重障碍，造成许多人突然死亡。还有的人经常生活在有毒的大气环境中，所受毒害缓慢而无形，但实际上是在进行着。微粒在肺壁上扩展，就像苔藓生长在墙壁上，不易察觉。等到发现感染，人们已回天无术了。

肺鳞状细胞癌

人类危险最大的气体

对人类危险最大的气体，也就是那些威胁着动物和植物的气体，如二氧化硫、二氧化氮、臭氧以及有碳氢化合物的复杂混合物，构成所谓"烟雾气体"。在工业城市里，有大量汽车行驶，这些气体是普遍存在的。

你也许很想了解一氧化碳这种从汽车排气管中排放出来的普通气体。一氧化碳在浓度高时，毫无疑问是致命的；它损坏血液中的血色素，使其不能把氧从肺中输往身体各组织。不过，在大部分时间内，户外空气中的一氧化碳数量极微，不足以对人体健康造成明显损害。

硫化氢在浓度高时，也是一种能致命的气体。你或许知道，硫化氢具有明显的臭鸡蛋气味。不少人可能认为，这可以作为一种良好的判别硫化氢的信号。但是，要特别注意，当它小量地、无害地存在时，或浓度达到一定限度时，都能很容易嗅得出来。如果，当硫化氢浓度达100%或更高的时候，人的嗅觉反而会丧失，人们可能在这种致命的气体中毫无觉察地丧命。

在各种常见的气体污染物中，二氧化硫被认为是对人体健康危害最大的气体之一。浓度超过约 1 微克时，它就能对人产生影响，虽然有些人能忍受 5 倍以上的浓度。

足够的二氧化氮气体，会侵袭肺脏。它也被认为是引起眼睛发炎的主要因素。某些碳氢化合物和二氧化氮，在阳光的作用下能产生出刺激眼睛的复杂物质，难怪大多数严重眼病都发生在白天。

固态微粒能传送危险的物质，某些含碳微粒如煤烟，能吸收一些物质。动物实验已证实，长期吸入这样的物质，能发生癌症。这些微粒进入肺部，会滞留在肺壁上，植下肺癌的种子。对生活在烟雾氛围中的人，解剖结果表明，其肺脏已被一层煤烟微粒染黑了。

毫无疑问，不洁的空气越来越成为有害健康的严重问题。患肺气肿、支气管炎和哮喘等呼吸道疾病的人数，一直在不断增加，其原因至少部分在于空气污染。如果不采取积极措施，减少大气污染物，这些疾病以及其他相关联的疾病，都肯定会更加严重地蔓延。当前重要的是，需要对最危险的污染物进行有效识别和监测。

全球气温变暖后，高纬度国家的疾病会增多，据统计资料表明，气温升高 2℃～4℃，如无其他环境变化，人口死亡率即会升高。全球变暖除对人体健康有影响外，还对地球上的一些物种有影响，某些物种可能不适应这种气候变化，从而导致物种的多样性减少。

皮肤损害及皮肤癌

地面紫外辐射量的上升将同时加强其对人体皮肤所造成的长期和短期有害后果。大量暴露于太阳辐射中可能会导致严重晒伤。长期暴露于辐射中可能导致皮肤变厚以及产生皱纹、失去弹性并增加得皮肤癌的可能。晒伤和皮肤癌主要是由 UV－B 所致，其波长最多在 300 毫微米左右，而其他不良后果则与 UV－A 有更多关系。

对眼睛的影响

打个不恰当的比喻，当说到对紫外辐射的自然保护时，眼睛就是身体的"阿喀琉斯之踵"。这种辐射能相对自由地穿透的身体上的一部分就是眼睛——这是我们为能看到东西而付出的不可避免的代价。

角膜（在彩色的虹膜和瞳孔外面透明的一层）和能聚光的晶状体（位于虹膜后面）过滤掉太阳光中高能量的紫外辐射，不然，就会灼伤眼底后面接收光线的视网膜，结果，投射到角膜的紫外辐射中仅不多于 1％能真正到达视网膜。然而，接触紫外线能通过损伤角膜晶状体和视网膜而逐渐损害视力。另外，因为投射的紫外辐射中通过晶状体的比例随着年龄上升而下降，孩子们对作用于视网膜的后果尤其敏感。

白内障最常发生在阳光充足的地区和热带地区。然而，它们与地理纬度和周围紫外辐射水平的定量关系却很少有流行病学方面的证据。有些证据表明核型白内障发生的频率随着纬度的下降而上升。这些证据包括一个对1万名美国人进行的全国性调查。在澳大利亚乡村早期居民中，患白内障的普遍性要比白种澳大利亚人大得多。另外，在早期居民中，与居住在南部较少与 UV 接触地区的人相比，那些住在中部和西北部地区的人得白内障的频率要高2倍（尽管其中有些差别可能是由于职业而不是周围环境所造成的），全世界人口中白内障的发病率并有显示出与一般皮肤颜色（或最主要的虹膜颜色）有明显的联系——尽管美国一项调查已经显示有褐色或淡褐色眼睛的人得病的危险性要高。如果通过"开放的"瞳孔进入的紫外线是晶状体不透明的主要影响因素，那么皮肤和虹膜颜色似乎就不太可能有什么关系。

对免疫系统的影响

身体的免疫系统是防御外来抗原性物质的主要屏障，这些物质通常是似蛋白质的分子，像微生物和无生命物质中的灰尘、羽毛屑和花粉颗粒。免疫系统由一个协调良好的组织网、非特定防御性细胞（巨噬细胞和杀手细胞）及专门的且通常是运动的防御性细胞——它们能产生抗体并在体内巡逻以发现并攻击不相容的分子——组成。紫外辐射接触的增加会抑制身体的免疫性。对人类而言，这种结果大部分与皮肤色素沉着无关，无论是先天的还是后天的，因此它对全世界都有潜在的意义。

如果免疫系统被严重破坏，当环境中一些感染性微生物与人接触时，机体就不能再生存下去。这样的话，臭氧层消失的一个可能后果，就是平时由皮肤中的细胞调控的免疫能力可能在皮肤感染性和霉菌性疾病的抵抗力方面下降。皮肤是有着高度免疫的活性组织。夏天在脸上由疱状单形病毒（唇疱疹）所引起的不断增多的损害，在相当程度上表现了紫外辐射对皮肤免疫活性的影响。对老鼠的研究显示：疱状单形病毒的激活和复制紧跟着由紫外辐射引起的局部免疫防御性的抑制发生。

知识点

在某些类型的工厂中，硫化氢的确代表着一种潜在的危险。1950年11月，墨西哥波萨利卡的一家工厂，在从天然气中提取硫时，发生了严重事故：在一个平静的多雾之夜，意外地把硫化氢气体释入了空气。当时约为凌晨5时，全城绝大多数居民尚在睡梦中。硫化氢比空气重得多，所以它只能在空气下层流动。致命的气体悄悄地沿着街道进入住宅，溜进了卧室。受害者在不知不觉中吸入了过量的硫化氢，他们感到窒息，却无法逃避，反而因为挣扎吸入更多。就在那天晚上，住进医院的有320人，中毒死亡的有22人。

延伸阅读

白内障大多在老人中发生，并且导致了世界上大约2 500万例失明病例中的一半以上的病例。这个数字会随着发展中国家预期寿命的延长而显著上升。大约每10个65岁以上的澳大利亚人中就有1个人得白内障。美国每年进行超过60万例以上的白内障手术——它是由保健医疗制度补偿得最多的外科手术，每年社会总耗费大约25亿美元左右。有两种主要类型的高龄白内障：发生在正中间（瞳孔后面）的核型白内障，它会致盲；发生在晶状体周围的皮质白内障，通常不会致盲。在发达国家，核型白内障数通常会超过皮质白内障数——尽管两种类型常常在一个人身上发生。其他种类（如后部膜型白内障）也有发生。

传染病激增

气候变暖造成传染病激增

瑞典两名医学研究人员近日通过调查指出，温室效应所带来的气候变暖正在造成传染病激增的恶果。

据瑞典通讯社报道，斯德哥尔摩大学的林德格伦和瑞典卡罗琳斯卡医学院的古斯塔夫松在调查扁虱脑膜炎在斯德哥尔摩地区的发病率时获得了这一结论。他们发现，20世纪70年代末时，斯德哥尔摩地区每年每百万人中大约只有10人传染上扁虱脑膜炎，而到20世纪90年代时这一数字却增加到30人左右。

他们认为，最近20多年来，温室效应带来的气候变暖，使扁虱脑膜炎的传染体扁虱在斯德哥尔摩地区增加得很快，如在过去10年里其增幅达到了16%。此外，在瑞典北部沿海地区，以往很难见到的扁虱在过去10年里却增加了40%。

人体对气候变化程度和速度非常敏感、脆弱，曾经蔓延的"非典"就可能与气候变化有关。

温度和极端天气、海平面上升直接影响健康

气候变化对健康的直接影响来自温度和极端天气、海平面上升。而降雨量和温度的变化可能扰乱自然生态系统，改变传染病的生态环境，损害农业和新鲜水的供给，加重空气污染，引起动植物群落大范围的重组。这些间接因素对人体健康有更大的累积影响。

世界卫生组织指出，如果世界各国不能采取有力措施确保世界气候正常，到2020年，每年将有70万人死于非命。

对地球升温最敏感的是那些居住在中纬度地区的人们，暑热天数延长以及高温高湿天气会导致以心脏、呼吸系统为主的疾病或死亡。持续性炎热比瞬时高温对死亡率有更大的影响。由于"热岛效应"，城市市区不仅高温而且持续时间长，热浪又与高污染水平相联系。因此，气温增暖给许多疾病的繁殖、传播提供了更适宜的温床。例如在纽约和上海，一旦温度超过一定的阈值，日死亡率就显著增加。1995年7月发生在芝加哥的热浪，4天里死了726人。

在人类历史上，几次难以控制的瘟疫暴发迅速改变了人类的文明史。虽然疾病的蔓延与人口增长和城市化有关，但

传染病病毒

是迅速变暖的气候也许是全球范围疾病扩展传播的刺激因素。气候变暖会改变气候带的界线，这就会给许多"喜热病菌"提供更广阔的生存、活动空间。此外，气候变化还可以通过各种渠道对发病率产生影响。

在环境和社会压力的共同作用下，全球气候变暖会影响疾病控制的效果，当前全球范围的暖化趋势使数以百万计的人们面对许多新疾病的侵袭。外来传染病一旦传入某地，就几乎不可能再将其完全清除。

冰层中冰冻的病毒

曾有科学家发出警告，由于全球气温上升令北极冰层融化，被冰封十几万年的前致命病毒可能会重见天日，导致全球陷入疫症恐慌，人类生命受到严重威胁。

据俄罗斯《真理报》披露的消息说，1999年，一支科学考察队在南极大陆的永久冻土带上发现了前所未有的一种"神秘病毒"，无论是人还是动物对它都没有足够的免疫力。由于该病毒"休眠"在南极永久冻土带底层，暂时还不会对地球上的人类形成威胁。然而美国科学家警告，如果全球气候持续变暖到一定程度，那么这种未知病毒可能会复苏并四处散播，到那时，地球上成千上万的物种将面临灭顶之灾。

这项新发现令研究员相信，一系列的流行性感冒、小儿麻痹症和天花等疫症病毒可能藏在冰块深处，目前人类对这些原始病毒没有抵抗能力，当全球气温上升令冰层融化时，这些埋藏在冰层千年或更长的病毒便可能会复活，形成疫症。科学家表示，虽然他们不知道这些病毒的生存希望，或者其再次适应地面环境的机会，但肯定不能抹煞病毒卷土重来的可能性。

知识点

世界卫生组织1996年报告说，至少有30种新的传染病在过去20年里出现，传统的传染病登革热曾在西半球销声匿迹，但现在又在美洲传播开来。非洲中部的高原地带竟然流行起了疟疾。全球范围的疟疾、登革热和霍乱等疾病卷土重来及新的传染病出现，已经影响到全人类的健康，影响到国际贸易、旅游业、农业经济的发展等领域。

延伸阅读

　　城市热岛效应：热岛是由于人们改变城市地表而引起小气候变化的综合现象，是城市气候最明显的特征之一。由于城市化的速度加快，城市建筑群密集、柏油路和水泥路面比郊区的土壤、植被具有更大的热容量和吸热率，使得城市地区储存了较多的热量，并向四周和大气中大量辐射，造成了同一时间城区气温普遍高于周围的郊区气温，高温的城区处于低温的郊区包围之中，如同汪洋大海中的岛屿，人们把这种现象称为城市热岛效应。

温室效应与环境保护
WENSHI XIAOYING YU HUANJING BAOHU

　　环境保护是利用环境科学的理论和方法，协调人类与环境的关系，解决各种问题，保护和改善环境的一切人类活动的总称。包括采取行政的、法律的、经济的、科学技术的多方面的措施，合理地利用自然资源，防止环境的污染和破坏，以求保持和发展生态平衡，扩大有用自然资源的再生产，保证人类社会的发展。环境保护涉及的范围广、综合性强，它涉及自然科学和社会科学的许多领域，还有其独特的研究对象。

　　而今，随着温室效应的日益显著，地球环境越来越恶化，已经直接威胁到人类的生存，环境保护问题迫在眉睫，不得不提上日程。加强环境保护，是每一个地球人的责任和义务，大到科研的开发，小至生活的琐事。关于环境保护，每个人都应该尽自己的一份力。

实现清洁生产

绿色工业——清洁生产

　　绿色工业是指的是实现清洁生产、生产绿色产品的工业，即在生产满足人的需要的产品时，能够合理使用自然资源和能源，自觉保护环境和实现生态平衡。其实质是减少物料消耗，同时实现废物减量化、资源化和无害化。因为一切工业污染都是因为工业生产过程中对资源利用不当或利用不足所导致。

随着科学技术的进步，人们在征服自然的历程中逐步走向辉煌，与此同时也遭到了自然界可怕的报复："蓝天白云"对不少城市人已经陌生，人们已习惯于呼吸污浊的空气，承受天降酸雨的痛苦，人类生存的地方成了自然界最大的垃圾箱，这些不能不引起人们反思。经济学家赫尔曼·戴利认为："人类对地球做了长达半个世纪的商业性清理大拍卖，这一过程结束时将给人类留下一个备受污染、肮脏不堪的污星。"而丹尼斯·海斯则提出一个反问："我们怎么会斗争得这么艰苦？我们已经打赢了许多战役，为何最后却发现自己正处于失败的边缘呢？"答案在于我们未能改变导致环境恶化和资源枯竭的人类活动模式。为了改变这一失败的现实，环境科学家们提出了"清洁生产"这一新概念。随着人们环境意识的加强，"清洁生产"不再陌生。

什么是清洁生产

清洁生产一词由联合国环境规划署工业与环境规划活动中心于 1989 年最先提出。该中心将它定义为："清洁生产是指将综合预防的环境策略持续地应用于生产过程和产品中，以便减少对人类和环境的风险性。对于生产过程而言，清洁生产包括节约原料和能源，淘汰有毒原材料并在全部排放物和废物离开生产过程以前减少它们的数量和毒性。对产品而言，清洁生产策略旨在减少产品在整个生产周期过程中对人类和环境的影响。"《中国 21 世纪议程》将清洁生产定义为："既可满足人们的需要又可合理使用自然资源和能源并保护环境的实用生产方法和措施，其实质是一种物料和能耗最少的人类生产活动的规划与管理，将废物减量化、资源化和无害化，或消灭于生产过程之中。同时对人体和环境无害的绿色产品的生产将成为今后产品生产的主导方向。"

清洁生产至今尚未形成一个统一的概念，但其实质贯穿了预防为主的思想，即在工业生产中减少废物产生量，变原来的末端控制为从"摇篮"到"坟墓"的封闭式全过程控制。

清洁生产不仅要求技术上的可行性，而且要求工艺上的先进性；不仅要求环境上的无污染，而且要求经济上的可盈利性，体现着经济、社会和生态环境效益的高度协调统一。

开发清洁生产技术是清洁生产的关键

清洁生产技术也叫无害环境技术、低废无废技术或绿色技术。要使废物的排放降到最低限度，保证各行各业都能"洁身自好"，必须开发、研制和推广各种清洁生产技术，才能建立起比较完善的清洁型闭合生产与消费体系。

通过清洁生产技术的研制、开发和推广应用，将逐渐淘汰技术工艺落后、资源消耗高、严重污染环境的生产工艺设备，重点发展能源和原材料消耗低、技术含量高、清洁无污染、附加值高的技术密集型和知识密集型产业，生产出更多的绿色产品，以更好地为人类服务。生产清洁产品是清洁生产的核心。清洁产品不仅是清洁生产各种效益的物质载体，而且是体现清洁生产与环境相互作用的基本单元。清洁产品通过市场衔接了清洁生产与清洁消费两大领域，环境因素正在上升为决定清洁产品命运的关键因素。可见，在现代市场经济条件下，生产清洁产品是实施清洁生产的核心。生产清洁产品包括产品的清洁设计（绿色设计）和产品的环境标志两个方面。

产品的清洁设计要求在产品生产的全过程中始终体现环境准则。具体表现为：少用短缺的原材料，多利用废料或再循环物作原料；少用或不用强污染或有毒、有害的物质作原料；树立"小而精"、"小而轻"的产品包装思想，减少包装物料损失；采用合理工艺，简化产品工艺流程，谋求生产过程废物最少化；落实产品报废后回收、复用和再生循环利用的具体方法，保证分散在环境中的报废产品或其成分与环境相容；将产品的环境影响作为衡量产品质量和档次的重要尺度。

环保图片

清洁运动

可持续发展是指既能满足当代人需要又不损害后代人生活所需的发展，它要求自然资源必须永续利用、经济保持适度增长、生态环境得以良性循环、社会稳定健康发展。实现可持续发展的一项重要途径就是推广清洁生产、开发清洁产品。随着人们对经济与环境协调发展内涵认识的不断深入，清洁生产理论将最终成为可持续发展的基本理论之一。在现代市场经济条件下，若要实现人口、资源、环境、经济与社会的持续协调发展，清洁生产是必不可少的重要手段。

联合国环境规划署与澳大利亚环保组织"清洁澳大利亚"联合发起了"清洁世界"运动。该运动发起人艾恩·基尔南曾说道："尽管我们永远也不可能确切地知道我们到底收集了多少垃圾，但我们真正的成功在于我们团结了许多的团体和个人，并且让他们知道：世界上有许多人也如他们一样关注着全球的环境状况，并准备为之而奋斗。"目前，世界各地已有104个国家和地区参加了"清洁世界"运动。该运动向全世界呼吁：让我们携起手来，清洁你的国家，清洁你的社会，清洁你的民族，也包括清洁自我，不仅给自己，更重要的是给子孙后代留下一片净土，留下一个干净富足的社会！

知识点

清洁生产技术主要包括：
第一，以煤为主的各种节能降耗技术。
第二，各种物料回收与综合利用技术。
第三，各种新型清洁生产技术。

延伸阅读

清洁生产包括清洁的生产过程和清洁的产品两个方面，具体有以下3层涵义：一是对自然资源通过产品设计、原料选择、工艺改革、技术管理和生产过程物内部循环等环节最大限度地加以利用，获得最佳的经济效益；二是对受技术水平限制尚无法全部利用并以污染物形式排放出来的各生产环节物质实行在线控制或全过程控制；三是对利用清洁技术生产出来的工业产品，在使用和报废时同样不能对环境造成污染和危害。

加强绿色消费

正确消费绿色消费

生态学上，将所有的生物划分为3大类：生产者、消费者、分解者。生产者指各种绿色植物，因为它们可以利用太阳的光能和二氧化碳，通过光合作用生成有机物。消费者指各种直接或间接以生产者为食的生物。我们人类被列入消费者的行列。分解者指各种细菌、真菌等微生物，它们分解生产者和消费者的残体，将各种有机物再分解为无机物，归还到大自然中去。整个自然的各种生命，组成了一个完美的循环。

随着生产力的发展，我们人类的消费也逐渐变得越来越复杂。在原始阶段，人类不外乎是采集野果，捕捉猎物，消费的剩余物也是自然界中的东西，很容易被分解者还原到自然中去。而在近代和现代，人工合成了许多自然界不存在的消费品，如塑料、橡胶、玻璃制品等，这些消费品的残余物，被人类抛弃进了大自然中，但分解者还没有养成吃掉它们的"食性"。塑料、橡胶、玻璃等难以腐烂，难以在短期内重新以自然界能消融的形式再返大自然，便作为垃圾堆存下来。

中国绿色消费推荐品牌标示

另外，我们所使用、所食用的东西，它们的生产过程已经不是纯粹的自然过程，因此，它们的生产，也对环境产生了影响。例如，我们吃的面粉，它的生长过程需要大量的人工、机械，甚至化学药剂的投入。首先，麦种可能是人工培育出的高产杂交品种，需要农业生物学家的研究和育种，种植时需要机械播种，接着在生长过程中为了提高产量可能需要施加化肥，为了抵抗害虫的侵袭而喷洒杀虫剂，为了去除野草使用除草剂，最后还要机械收割，脱壳，再磨成粉，去除麸皮……小麦的生长阶段和面粉的加工过程中，都会对环境产生影响。播种、收割用的机械，需要人工制造，钢铁需要从采矿开始，到制成机身；

机械的开动需要柴油或汽油等能源；未被吸收的化肥会随着流入河流、湖泊，造成富营养化；农药会杀死害虫以外的其他生物，还会残留在土壤中，破坏土壤结构，加剧土壤流失。

工业化国家的消费方式及其影响

2300 年前亚里士多德就说过：人类的贪婪是不能满足的。在人们面对丰富的物质世界、琳琅满目的商品、各种各样娱乐方式时，人们有着不断膨胀的物欲，想得到的是更多的物质。工业化国家过去几十年中形成了一个消费主义社会，消费被渗透到社会价值之中。在国家经济增长的政策中，消费被看作是推动经济发展的动力。在二战后开始富裕的美国，一位销售分析家声称："我们庞大而多产的经济……要求我们使消费成为我们的生活方式，要求我们把购买和使用货物变成宗教仪式，要求我们从中寻找我们的精神满足和自我满足……我们需要消费东西，用前所未有的速度去烧掉、穿坏、更换或扔掉。"

事实上，几十年来，西方工业化国家正是沿着这么一条道路在发展，创造了一种高消费的生活方式。在经济逐渐起飞的发展中国家，人们也在拼命追随这种标志着所谓"现代生活"的消费主义潮流。占世界人口 1/5 的西方工业国家的消费者们，把世界总收入的 64% 带回家中。他们消耗了更多的自然资源，对生态系统的影响也更大。在世界范围内，从 20 世纪中叶以来，对铜、能源、肉制品、钢材和木材的人均消费量已经大约增加一倍，轿车和水泥的人均消费量增加了 3 倍，人均使用的塑料增加了 4 倍，人均铝消费量增加了 6 倍，人均飞机里程增加了 33 倍。这些消费的迅猛增加都与一定程度的环境损害相联系。这些增加的消费主要发生在发达国家，一些发展中国家的消费水平也有了一些提高。而最贫穷的国家，消费几乎没有什么变化。

就美国而言，今天的美国人比他们的父母在 1950 年多拥有 2 倍的汽车、多行驶 2.5 倍的路程、多使用 21 倍的塑料和多乘坐 25 倍距离的飞机。高消费的生活方式给环境带来了巨大影响。这种生活方式需要巨大的和源源不断的商品输入，例如汽车、一次性物品和包装、高脂饮食以及空调等物品——生产和使用它们需要付出高昂的环境代价。给消费主义社会提供动力来源的矿物燃料，释放出的二氧化碳占所有矿物燃料释放出二氧化碳的 2/3；工业化国家的工厂释放了世界绝大多数的有毒化学气体；他们的空调机、烟雾辐射和工厂释放了几乎 90% 的臭氧层消耗物质——氟氯烷。而且，工业化国家的许多消费，需要从贫穷国家输入原料。贫穷的发展中国家为了偿还外债或使收支相抵，被迫出卖大量的初级产品，而这些产品会损害他们的生态环境。

贫穷国家的贫困及其环境影响

世界上有大约 11 亿人口挣扎在贫困线上。他们主要生活在南亚、撒哈拉以南的非洲和拉丁美洲的部分地区。这些占世界 1/5 的人口只得到了世界收入的 2%。他们住在茅草棚中，得不到洁净安全的饮用水；他们一无所有，步行能及之处是他们的生活领域。他们尚在为吃饭发愁，处于营养不良状态。为了获得粮食，他们不得不在砍伐森林，以破坏自己的生存环境为代价来满足生存的需要。

工业化国家的消费主义在影响着发展中国家，高消费的生活方式被错误地当作先进的时尚而被追逐。宽敞的住房、私人汽车、名牌服装等成为发展中国家新近富有起来的阶层的标志。而进口食品、冷冻食品、一次性用具、各种家用电器、空调等在寻常人家也越来越普遍。改革开放后，中国的经济迅猛发展，人们的生活水平也有了很大的提高，消费水平随之上升。

本杰明·富兰克林曾经说过："金钱从没有使一个人幸福，也永远不会使人幸福。在金钱的本质中，没有产生幸福的东西。一个人拥有的越多，他的欲望越大。这不是填满一个沟壑，而是制造另一个。"高消费的生活方式是否令人们感到更幸福呢？就像人们常说的：幸福是金钱买不到的。对生活的满足和愉悦之感，不在于拥有多少物质。我们可以看见贫穷而快乐的家庭，也可以看见富有而不幸福的家庭。据心理学家的研究，生活中幸福的主要决定因素与消费没有显著联系。

绿色消费红了"最美乡村"

牛津大学心理学家麦克尔·阿盖尔在其著作《幸福心理学》中断定，"真正使幸福不同的生活条件是那些被三个源泉覆盖了的东西——社会关系、工作和闲暇。并且在这些领域中，一种满足的实现并不绝对或相对地依赖富有。事实上，一些迹象表明社会关系，特别是家庭和团体中的社会关系，在消费者社会中被忽略了；闲暇在消费者阶层中同样也比许多假定的状况更糟糕。"因此，我们应该摒弃拥有更多更好的物质便会更满足的想法，因为物质的需求是无限的。而生活的物质需要是可以通过比较俭朴的方式来实现的。幸福和满意之感只能源自于我们自身对家庭生活的满足、对工作的满足以及对发展潜能、闲暇和友谊的满足。既然幸福与消费程度不显著相关，幸福只是一种内心的体验，追求幸福之感便没有必要通过追求物质生活的享受来实现了。

知识点

绿色食品并不是指绿颜色的食品。奶粉可以是绿色食品，牛肉也可以是绿色食品。如果你注意观察，许多食品的包装袋上都有一个小绿苗的标志，旁边有"绿色食品"的字样。这些食品在生产和加工的过程中，尽量不用或少用化学药品。因为化学药品可能会残留在食物中，随着进入人体，对我们的健康造成损害。有机食品比绿色食品的要求更严格，它们的生产过程完全不允许使用任何化学合成物质，它们是真正无污染、高品位、高质量的健康产品。

延伸阅读

巴西便是一个活生生受害者的例子：因为背负着一笔超过 1 000 亿美元的外债，巴西政府通过补贴来鼓励出口工业。结果，这个国家成为一个主要的铝、铜、钢铁、机械、牛肉、鸡肉、大豆和鞋的出口国。工业化国家的消费者得到了便宜的消费品，而巴西却受着污染、土地退化和森林破坏的困扰。

创造"绿色汽车"

绿色汽车的特点

什么是"绿色汽车"呢？绿色汽车可不是指颜色为绿色的汽车，而是指环保型汽车，这种汽车有 3 个突出的特点：

1. 可回收利用

在环保方面走在世界前列的德国规定汽车厂商必须建立废旧汽车回收中心，宝马公司生产的汽车可回收零件的质量占总质量的80%，而他们把目标定为95%！几乎整辆车都可以重新利用了。从总体上看，美国是世界上汽车回收最好的国家，每辆汽车的75%都可重新利用。

2. 低污染

如今，汽车废气已成为城市的主要污染源之一，因此，消除汽车尾气的污染十分重要。美国壳牌石油公司开发出一种新型汽油，这种汽油含有一种称为含氧剂的化学物质，使汽油能够充分燃烧，大大减少了有害气体的排放。法国的罗纳—普朗克公司发明了一种具有"显著催化性能"的添加剂，这种添加剂能够消除汽车发动机上散发出的90%的粒子和可见的烟，并在国外的公共汽车上进行了成功的试验。

3. 低能耗

降低能耗就意味着要提高燃料的利用效率，那么排放的废气中的有害物质也就相应减少，从而也减轻了污染，从这个角度讲，低能耗和低污染是并存的。日本就深谙此道，1999年日本推出一种汽车节能装置，可以节省25%的燃油，同时排出废气量可减少80%。

各种"绿色汽车"

发展绿色环保车已成为各国科学家一项重大的研究课题。早在1976年，美国就公布了《电动汽车研究、开发及演示法》，为电动汽车的开发研究及产业化奠定了基础。电动汽车是目前绿色汽车开发的"重头戏"，日本也不甘落后，他们精简产品种类、拉长产品周期，用节省下来的资金研制绿色汽车，也取得了很多成果。

1. 电动汽车和混合动力汽车

绿色环保汽车最理想的能源是电能。它彻底解决了内燃机汽车的排气污染问题，是一种最有前途的替代汽油、柴油的汽车能源。用蓄电池电能作为动力的汽车，称为电动汽车，又被称为"零污染汽车"或"超低污染汽车"。电动汽车具有无污染、噪声小、操作简单等优点，是现有交通工具中除内燃机汽车以外发展最快的运输工具之一。

2. 太阳能汽车

太阳把光明和温暖送到了人间，太阳能同时也成为地球上重要的能源。太阳能是真正洁净的能源，在利用的过程中几乎没有污染，而且，太阳能还具有取之不尽、用之不竭的特点，不像石油，再有四五十年就可能会枯竭。把太阳能转变为电能储存在蓄电池中，再把电池安装在汽车上，电池释放的动能驱动着汽车到处跑，这种汽车就是新型的太阳能汽车。

进入 21 世纪，科技的发展一日千里，前几年还是作为概念车的太阳能汽车，现在已具有了一些实用价值。这是彻底意义上的绿色环保车。但太阳能汽车要真正替代内燃机车，还有很长的路要走。

太阳能汽车

3. 氢气汽车

氢气作为动力燃料，已广泛用于各种空间飞行器，由于氢气中不含碳元素，因此燃烧时不产生 CO_2，比甲烷（CH_4，天然气的主要成分）更洁净，此外，它是资源最丰富的化学元素之一，以至于科学家将21世纪喻为"氢的时代"。氢燃料电池很有可能成为汽车最佳动力源之一。

虽然各国在研制氢气汽车方面都有了一些进展，但专家估计，要使之真正商品化还需 20 年左右的时间。

4. 酒精汽车

在巴西，酒精汽车曾经最为流行。为减少石油进口，巴西从 1974 年开始实施酒精代替石油计划。1986 年，巴西用甘蔗生产了 150 亿升酒精并用于汽车燃料，约占该国汽车燃料的 50%。

5. 甲醇汽车

最近，日本甲醇汽车公司生产的首批甲醇汽车在东京投入运营。美国福特、通用和克莱斯勒等汽车公司也在研制生产甲醇汽车。

6. 天然气汽车

目前世界上天然气汽车已达 500 多万辆，约占汽车保有量的 1%。同传统的汽油汽车相比，液化石油气汽车运行成本只有汽油车的 65%。天然气价格比汽油低 1/3，故天然气汽车可以节约 20% 的费用。更为重要的是天然气汽车可以大大减少二氧化碳的排放量，减少有害气体对环境的污染，与汽油车相比，在排放的污染物中，一氧化碳减少了 90%，碳氢化合物减少了

80％，氮氧化物减少了87％。

7. "饮水"汽车

人们设想用当代最高级的能源——核能作为汽车动力源。核聚变的主要原料是氢、氚等，将从海水中提取氚的装置与核反应堆装置配套使用，汽车就能拥有用之不竭的能源。这种"饮水"汽车其实是核能汽车。

8. "噬菌"汽车

气态氢是一种无污染、高热值的燃料。人们已经研制成功用光合作用培养细菌来生产氢气，这种汽车时速可达200千米。

9. "侏儒"车

美国还研制了燃烧效率比现有汽车高3倍的、风靡欧洲的电动"侏儒"车，该车具有速度高、低公害、易操作和微型化等众多优点，这种新型绿色汽车已经开始进入实用化的阶段。

10. 碳素纤维汽车

日本东京电力公司最近推出一种以碳素纤维为车身的汽车，这种汽车的最高时速可达176千米，被专家们称为绿色汽车的楷模。据德国宝马汽车公司测算，目前仅欧洲每年退出使用的汽车就达2 000万辆，其中宝马公司年报废汽车将达到25万辆，因此，如何有效地回收利用材料成为一个研究的课题。

➤➤➤ **知识点**

据美国《大众科学》杂志2000年9月号报道，正当人们推崇电动汽车，认为这是实现零排放的最好选择的时候，一种新一代的无污染的内燃发动机即将诞生。据说，新一代的内燃发动机不仅十分高效，而且十分洁净，以至在空气污浊的日子里，这种发动机所排放的废气甚至比司机呼吸的空气还要干净。如果这种无污染汽车成为未来汽车的发展趋势，那无论是对环境保护，还是对汽车厂家，对消费者都是一桩幸事。

延伸阅读

汽车的发明至今不过100多年，然而汽车就像一支支贪得无厌的吸嘴，会把地球上蕴藏的石油吸吮而尽。世界每天消耗 7 000 万吨石油，驱动超过 6 亿辆汽车。节约能源、保护环境已成为人们关注的全球性的热门话题。汽车采用替代燃料不仅是因为要解决环境污染问题，而且是因为要解决石油资源日益贫乏的问题。据预测，世界石油储量仅够维持 45 年。

时尚新生活

自行车的回归

在城市交通中，一辆公共汽车所占据的道路面积仅能供 10 辆自行车行驶；公交车辆的运营效率是自行车的 6.6 倍，自行车大行其道，不仅增加了骑车人的体力和时间消耗，而且降低了道路运营能力，加剧了交通拥堵状况。自行车和机动车混行，还增加了交通事故的发生率。

然而，在交通拥堵比较严重的大城市中心地区，公交车辆的车速下降至与自行车不相上下，每小时只有 10 千米；北京市公共汽车时速仅有 8 千米；据说曼谷不到 5 千米。在速度相近的情况下，自行车灵活性强的优势就显现出来了。这也是人们宁愿栉风沐雨也要骑车出行的一个重要原因。

许多居民重新骑上了自行车。据报道，上海市居民 20 世纪 70 年代乘坐公交车与使用自行车的比例为 6:4，现在倒过来了，为 4:6；天津市则由 2:8 变为 0.7:9.3。

重返步行街

人类出行大概再也无法放弃汽车，就像难以放弃直立行走一样。然而，人们还是划出了一块块禁止车辆通行的地方，为心灵的退避留下了余地，这就是步行街——都市生活中最后一些免遭汽车碾过的街区。在这里，人们尽可以悠然漫步，观光购物，既不受汽车废气和噪声之苦，也不必为交通安全担心。

在汽车交通发达的国家，都市里形形色色的步行街相当普遍。有的步行街经过专门规划建设，在街道两旁种植了高大的树木，修建了喷泉，设立了雕塑，并在车辆交通上采取完全封闭方式，禁止一切车辆在任何时间进入。有些步行街则在规定时段内禁止车辆通行。比如，东京银座至上野长街，平时照常通车，每到星期日就禁止车辆通行，改为步行街。欧洲小国列支敦士登规定星期日为无汽车行驶日，就连外国游客都必须把汽车停放在国境之外，成为一个步行国。

　　早期步行街的设立，主要是出于交通安全的考虑。这些街区多为城市繁华地带，商业设施稠密，顾客流量很大，车辆频繁穿梭往来极不利于行人安全、不利于他们从容地浏览和购物，尤其是携带儿童的年轻父母，几乎一步也不敢离开自己的孩子。

　　在现代都市中，步行街被纳入市政当局的规划之中，在传统商业街和文化街的基础上经过改建之后，它不仅隔绝了车辆交通的嘈杂，而且以其浓厚的文化品味和独特的街区风情，成为人们休闲与购物的胜地。在这里，人们可以轻松自由地漫步，享受市井文化的情趣。

郊区化运动

　　面对汽车的洪流，步行街是一种逃避，它成为都市中最后一块保留地；相反地，私人汽车使郊区住宅不再遥远，带给人们远离尘嚣的逍遥。当人们驾着私人汽车，逃离拥挤和喧嚣的闹市，驶过一条宽阔的林荫大道，拐进市郊这种绿树与草地环绕的私宅区时，清新的空气会迎面扑来，此时人们的心情会无比舒畅。

轮胎回收

　　随着城市空气质量的急剧下降，城市居住空间的大幅缩减和居住环境的日益恶劣，人们已经不再迷恋于城市灯红酒绿的喧嚣与繁华。城市之外清新的空气、怡然的田园、宽敞的居住空间越来越受到人们的青睐。随之而来的便是郊区化运动的蓬勃开展。20世纪70年代以来，汽车社会受到了越来越多的怀疑和责难。美国城市的郊区化在城市发展趋势中不仅没有被削弱，反而逐年增强。从1970年到1976年，居住在城市的外围的住户，其比例从51.16%上升到了54.55%。

回收热潮

报废汽车作为垃圾是一种极大的浪费。将报废汽车上可用零部件回收、利用，不仅可以避免资源的浪费、降低汽车制造成本，还可以在很大程度上减少对环境的污染，可谓"一举三得"。

美国是世界上回收汽车最有效的国家之一，目前每辆汽车总质量75%的部分都已重新回收利用起来。方式之一是把汽车上值钱部件加以翻新，再重新出售。像这种回收、加工再利用的汽车零件商在美国约有 12 000 家之多，年营业额达到几十亿美元。

在汽车零件中，轮胎的回收最有价值。在美国，人们不经意间用上的产品就可能是利用回收的废旧轮胎制作的。美国人每年要扔掉 2.7 亿个旧轮胎，相当于每人一个。这些旧轮胎中有 64% 被回收利用，制成燃料油、地面胶、汽车部件以及其他家用或工业用橡胶粒等。这成为环保产业的一部分。

在回收的旧轮胎中，2/3 被用来生产燃料油，马萨诸塞州的绿人公司就是一家专门回收废旧轮胎生产燃料的厂商。从每个废轮胎里可以提炼出 9.5 升燃料油。这家公司每年回收 1 700 万个轮胎，其产品则提供给各家发电厂、造纸厂和水泥厂。1999 年该公司获纯利润 470 万美元。

俄勒冈州另一家回收轮胎的公司，用旧轮胎来生产马厩用的垫子。这种垫子铺在马厩内的地面上，既可以保护马腿不受意外伤害，又能使马厩变得更加容易清扫。这种垫子在美国颇为畅销，目前已经卖到每平方米 17 美元。福特公司也是旧轮胎再生产品的大用户，它每年购买 2 600 多吨再生橡胶，利用再生橡胶生产刹车踏板的脚垫和车辆的隔热垫等 35 种配件。

回收轮胎最为常见的产品应该算是清扫地面用的橡胶刮板了。各家厂商为了吸引用户，将刮板制成各种形状，即使是形状怪异的角落，也可以用这些刮板轻松地打扫干净。

在美国，一部分环保工业已经不再需要政府的支持，而是可以真正成为一个既是公益的又是自负盈亏的产业了。由于环保一词在英语中是以字母"E"开头的，因此，美国人将它和现在十分热门的英文中以字母 E 开头的电子商务相提并论，称它为另一种"E 产业"。

低碳生活

低碳生活是指生活作息时所耗用能量要减少，从而减低碳，特别是二氧化碳的排放。低碳生活，对于我们普通人来说，是一种态度，而不是能力，我们应该积极提倡并去实践"低碳"生活，注意节电、节油、节气，从点滴做起。

在中国，年人均 CO_2 排放量2.7吨，但一个城市白领即便只有40平方米居住面积，开1.6L车上下班，一年乘飞机12次，碳排放量也会在2 611吨。节能减排势在必行。

如果说保护环境，保护动物，节约能源这些环保理念已成行为准则，低碳生活则更是我们急需建立的绿色生活方式。

简单理解，低碳生活就是返璞归真地去进行人与自然的活动，主要是从节电节气和回收3个环节来改变生活细节，包括以下一些良好的生活习惯：

冰 箱

冰箱内存放食物的量以占容积的80%为宜，放得过多或过少，都费电。食品之间、食品与冰箱之间应留有约10毫米以上的空隙。

用数个塑料盒盛水，在冷冻室制成冰后放入冷藏室，这样能延长停机时间，减少开机时间。

空 调

空调启动瞬间电流较大，频繁开关相当费电，且易损坏压缩机。

将风扇放在空调内机下方，利用风扇风力提高制冷效果。

空调开启几小时后关闭，马上开电风扇。晚上用这个方法，可以不用整夜开空调，省电近50%。

将空调设置在除湿模式工作，此时即使室温稍高也能令人感觉凉爽，且比制冷模式省电。

洗衣机

在同样长的洗涤时间里，弱挡工作时，电动机启动次数较多，也就是说，使用强挡其实比弱挡省电，且可延长洗衣机的寿命。

按转速1 680转/分（只适用涡轮式）脱水1分钟计算，脱水率可达55%。一般脱水不超过3分钟。再延长脱水时间则意义不大。

微波炉

较干的食品加水后搅拌均匀，加热前用聚丙烯保鲜膜覆盖或者包好，或使用有盖的耐热的玻璃器皿加热。

每次加热或烹调的食品以不超过 0.5 千克为宜，最好切成小块，量多时应分时段加热，中间加以搅拌。

尽可能使用"高火"。

为减少解冻食品时开关微波炉的次数，可预先将食品从冰箱冷冻室移入冷藏室，慢慢解冻，并充分利用冷冻食品中的"冷能"。

计算机

短时间不用电脑时，启用电脑的"睡眠"模式，能耗可下降到50%以下；关掉不用的程序和音箱、打印机等外围设备；少让硬盘、软盘、光盘同时工作；适当降低显示器的亮度。

用笔记本计算机要特别注意：对电池完全放电；尽量不使用外接设备；关闭暂不使用的设备和接口；关闭屏幕保护程序；合理选择关机方式：需要立即恢复时采用"待机"、电池运用选"睡眠"、长时间不用选"关机"；电池运用时，在 Windows XP 下，通过 Speed Step 技术，CPU 自动降频，功耗可降低40%。

燃 气

用大火比用小火烹调时间短，可以减少热量散失。但也不宜让火超出锅底，以免浪费燃气。

夏季气温高，烧开水前先不加盖，让比空气温度低的水与空气进行热交换，等自然升温至空气温度时再加盖烧水，可省燃气。

烧煮前，先擦干锅外的水滴，能够煮的食物尽量不用蒸的方法烹饪，不易煮烂的食品用高压锅或无油烟不锈钢锅烧煮、加热熟食用微波炉等等方法，也都有助于节省燃气。

开短会也是一种节约，照明、空调、扩音用电都能省下来。即将过期的香水，可喷洒在塞入枕头的干燥花里、洗衣服的水中和拖过的地板上

任何电器一旦不用立即拔掉插头

尽量选用公共交通，开车出门购物要有购物计划，尽可能一次购足。多步行，骑自行车，坐轻轨地铁，少开车。

开车节能：避免冷车启动，减少怠速时间，避免突然变速，选择合适挡位避免低挡跑高速，定期更换机油，高速莫开窗，轮胎气压要适当。

低碳生活海报

多用电邮、MSN 等即时通讯工具，少用传真打印机。

低碳饮食

1972 年，阿特金斯医生撰写的《阿特金斯医生的新饮食革命》首次出版，书中提出了一种全新的饮食方式。在此之前的节食方法要么提倡减少每天摄入的热量，要么提倡同时减少脂肪和碳水化合物的摄入量。但是，阿特金斯医生提出的饮食法却只注重严格地限制碳水化合物的摄入量。那么，什么是碳水化合物呢？

您可能听说过"碳水化合物"和"复合碳水化合物"。碳水化合物来源广泛，例如：米饭、意大利面、面包、饼干、谷物、水果和蔬菜。碳水化合物为人体提供基本的能量所需。您可以将身体与碳水化合物之间的关系比作汽车发动机与汽油之间的关系。

最简单的碳水化合物是葡萄糖。葡萄糖，又称"血糖"或"右旋糖"，随血液流动，因此可供全身细胞所需。体内细胞吸收葡萄糖，并将其转化为细胞活动所需的能量。

"碳水化合物"一词源于葡萄糖由碳和水组成这一事实。葡萄糖的化学分子式为：$C_6H_{12}O_6$。

知识点

德国是世界上步行街发展最早、最快、也最多的国家之一。早在 1927 年，德国埃森市政当局就采取了封闭交通的方式，从而形成了最早的步行街。在英国和美国，每座城市的中心都设有几条步行街。巴西圣保罗市的步行街有 80 多条，一些街道允许行人滑旱冰通过。日本城市的限时步行街也很多，有"步行者的天堂"之誉。今天，全世界已有 1 200 多个城市辟有步行街。

延伸阅读

在住房、汽车等高碳排放领域的消费过程中，一些城市居民存有"你追我赶"式的攀比心理，还有追求大户型、大排量的"好大心理"。以私人汽车为例，北京市私人汽车拥有量每年以10%以上的速度增加；广东今年上半年每百户家用汽车拥有量同比增涨16.6%。而根据长春市交警支队相关资料统计，2004—2008年间，长春市汽车保有量递增速度已经达到15%。如果不采取措施，10年后，长春市机动车污染将会超过煤炭，成为大气污染的主要因素。

清洁能源太阳能

太阳能热电站

通常所说的太阳能发电站，实际上就是指的太阳能热电站。也就是说，它是将太阳光转变成热能，然后再通过机械装置转变成电能的。太阳能热电站的发电原理和基本过程是这样的：在地面上设置许多聚光镜，从各个方向把太阳光收集起来，集中反射到一个高塔顶部的专用锅炉上，使锅炉里的水受热变为高压蒸汽，驱动汽轮机，再由汽轮机带动发电机发电。这种发电方式称为塔式发电。

在太阳能热电站内还设有蓄热池。当用高压蒸汽推动汽轮机转动的同时，将一部分热能储存在蓄热池中。如果太阳被云暂时遮挡或者下雨时，就由蓄热池供应锅炉的热能，以保证电站的连续发电。

太阳能热电站的修建

世界上第一座太阳能热电站，是建在法国的奥德约太阳能热电站。这座电站的起初发电能力虽然仅为64千瓦，但它却为以后的太阳能热电站的兴建积累了经验。

1982年，美国在阳光充足的加利福尼亚州南部的沙漠地区，建造了目前世界上最大的太阳能电站。这座叫作太阳能一号电站的太阳能热电站，由高塔、集热设备、反射镜、汽轮发电机组等组成。它的发电能力为10兆瓦，年发电量达到300万千瓦时。

太阳能一号电站安装有1 880个追日仪。这些由金属圆柱支撑的追日仪排列齐整，每根柱顶支撑着一块10米见方的银灰色金属板。远远望去，这些追日仪宛若一把把巨大的方形伞，它们顶着金色的阳光，斜支在荒凉的沙漠之上。这一把把方形伞，就是把太阳能转换成电能的跟踪器。

追日仪上的整个光电板由256块长形组件构成，每块组件中装有32个圆形硅片。顶部的光电板和支柱的衔接处有一个万向节，在电子计算机的控制下，跟踪器可以根据光电板所接受阳光的强弱，自动调节板面同太阳的角度。这些庞然大物都很"机敏、勤奋"，每天早晨太阳尚未升起，它们就都垂直而立，将最大平面对向霞光灿烂的东方；到了夕阳落山之际，它们又都低头面送最后一缕晚霞。然后，转过身来，又静候着翌日黎明的曙光。即使是阴雨天，它们以其不凡的本领在云层的缝隙中追寻着阳光。如果遇到强风，这些追日仪就会将信号输送到控制中心的计算机里，然后按照指令，躺成水平状态，以防止被风刮倒。风势减弱后，它们又会自动恢复原状，并重新投入工作。

太阳能热电站

热电站数量众多的追日仪，能把太阳光集聚并反射到装在90米高的圆柱形钢塔顶上的热收集器里（集热器）。由于采用了电子数据处理设备控制体系，可使追日仪不断地跟踪太阳，并使中央热收集器（即集热器）经常处于反射光的焦点中。这样，热收集器的温度可达485℃。

太阳能一号电站还有一个热量储存系统，以保证天黑以后也能继续运转。热量储存系统所储存的热能，足可发电兆瓦达4小时之久。当热电站工作时，约有20%的热蒸汽被输送到热交换器内加热一种专用油，再用泵把加热的油注入热量储存系统里。

太阳能热电站的新发展

近年来，国外还研制成一种用炭黑来捕捉太阳能以驱动发电机发电的装置。它是通过一个聚光器把太阳光集聚起来，照射在一个装有炭微粒悬浮体的加热室内。由于温度上升，使炭微粒气化。炭微粒吸收的热量可用来加热周围的空气，使其达到相当于喷气发动机的温度和压力。于是，被加热的空气可用来驱动气轮机转动，并带动发电机发电。

法国、德国、意大利、西班牙和希腊等许多国家也相继兴建了一批太阳能热电站，其中著名的有意大利的欧雷利奥斯太阳能热电站、西班牙的阿尔利里亚太阳能热电站和法国东比利牛斯的库米斯太阳能电站等。意大利和希腊还将建设 20 兆瓦的电站。

1983 年建成的阿尔梅利亚太阳能电站，位于阳光充足的南部，发电能力为 1 200 千瓦。在西班牙还建有一座热风发电站，是利用太阳光使地面加热产生热风的办法来发电的。这座热风发电站的高塔，是由一个直径为 10 米、高 200 米的圆形钢管制成的，而集热场建在塔身周围并高出地面 2 米，呈圆形，直径为 250 米，由透明合成材料制成的薄片作顶盖。这套设备保证了集热场内的热风只能向高塔的方向流动，从而驱动气轮发电机组发电。

一些发展中国家也在积极研究和建造太阳能热电站。地处非洲撒哈拉沙漠南部边缘的马里，已建成一座太阳能热电站，其电力用来驱动水泵，对干旱的农田进行灌溉。

知识点

20 世纪 80 年代，在意大利西西里岛上建成了一座规模宏大的太阳能热电站。它采用 180 块大型玻璃反射镜，镜子的总面积达 6 200 多平方米。这种反光镜由一台电子计算机操纵，将太阳光集聚在高达 55 米的中央塔上的接收器上，使塔上锅炉产生 500℃ 的高温和 6.4 兆帕（64 个大气压）压力的蒸汽，从而推动汽轮发电机组发电。它的发电能力达 1 兆瓦。

延伸阅读

太阳能热电站的不足之处在于：一是需要占用很大的地方来设置反光镜。据计算，一座1兆瓦的太阳能热电站，仅设置反光镜就需占地350米×350米。二是它的发电能力受天气和太阳出没的影响较大。虽然热电站一般都安装有蓄热器，但不能从根本上消除影响。因此，人们设想把太阳能热电站搬到宇宙空间去，从而使热电站连续不断地发电，满足人们对能源日益增长的需要。

天然热能地热

地热能发电

实际上，人们是通过利用各种温泉、热泉来认识地热能的。2000多年前，我国东汉时期大科学家张衡就曾采用温泉水治病。此外，我们的祖先很早就利用温泉的热水进行洗浴和取暖等。

1904年，意大利人拉德瑞罗利用地热进行发电，并创建了世界上第一座地热蒸气发电站（装机容量为250千瓦）。由于当时技术条件的限制，此后很长时间内地热在发电方面的应用一直停步不前。

20世纪60年代以来，由于石油、煤炭等各种能源的大量消耗，美国、新西兰、意大利等国又对地热能重视起来，相继建成了一批地热电站，总计约有150多座，装机总容量达3 500兆瓦。

利用地热发电，是地热能利用的最重要和最有发展前途的方面。与其他电站比较，地热电站具有投资少、发电成本低和发电设备使用寿命长等优点，因而发展较快。

地热发电种类和方法

地热电站的工作原理与一般的火电站相似，即利用汽轮机将热能转换成机械能，再由发电机变成电能。由于地热资源有高温干蒸汽、高温湿蒸汽和热水等不同种类，所以，地热发电的方法也不同。

美国加州的盖瑟斯地热电站，是二次蒸汽法地热电站的典型代表。它的装机容量达 500 兆瓦以上，是目前世界上最大的地热电站。

以高温湿蒸汽为能源的地热电站，大多采用汽水分离法发电。这种高温湿蒸汽是兼有蒸汽和热水的混合物，通过汽水分离器把蒸汽和热水分开，蒸汽用于发电，热水则用于取暖或其他方面。

以地下热水为能源的地热电站，通常用地下热水为热源来加热低沸点的物质如氯乙烷或氟利昂等，使它们变成蒸汽来推动气轮发电机组发电。这就是通常所说的低沸点工质法地热发电。

低沸点工质法地热发电所用的地热水的温度，通常低于 100℃。用这种热水来将低沸点物质加热变成蒸汽，它们在推动气轮发电机组发电后，在冷凝器中凝结，再用泵重新打回热交换器，从而反复使用。

俄罗斯在堪察加半岛南部建造的低沸点工质法地热电站，所用的地热水温仅有 70℃～80℃，以低沸点的氟利昂（沸点为零下 29.8℃）为工质，在 1.9 兆帕（18.8 大气压）的压力和地热水的温度为 55℃ 的条件下，低沸点工质便可沸腾，产生蒸气来发电，其总装机容量为 680 千瓦。

地热能除了用来发电外，人们还把它用于工农业生产、沐浴医疗、体育运动等许多方面。

在工业上，地热能可用于加热、干燥、制冷、脱水加工、提取化学元素、海水淡化等方面。在农业生产上，地热能可用于温室育苗、栽培作物、养殖禽畜和鱼类等。例如，地处高纬度的冰岛不仅以地热温室种植蔬菜、水果、花卉和香蕉，近年来又栽培了咖啡、橡胶等热带经济作物。在浴用医疗方面，人们早就用地热矿泉水医治皮肤病和关节炎等，不少国家还设有专供沐浴医疗用的温泉。

羊八井地热电站

我国的地热能发展

我国是一个地热储量很丰富的国家，仅温度在 100℃ 以下的天然出露的地热泉就达 3 500 多处。在西藏、云南和台湾等地，还有许多温度超过 150℃ 以上的高温地热资源。西藏羊八井建有我国最大的地热电站。这个电站的地热井口温度平均为140℃，装机容量为10兆瓦。

我国北京是当今世界上6个开发利用地热能较好的首都之一（其他5个是法国的巴黎、匈牙利的布达佩斯、保加利亚的索菲亚、冰岛的雷克雅未克和埃塞俄比亚的亚的斯亚贝巴）。北京地热水温大都在25℃～70℃。由于地热水中含有氟、氢、镉、可溶性二氧化碳等特殊矿物成分，经过加工可制成饮用的矿泉水。有些城区的地热水中还含有硫化氢等，很适合浴疗和理疗。

北京的地热资源已得到广泛利用。例如，用于采暖的面积已达30多万平方米，年节约煤约2万吨。现有地热泉50多处，日洗浴6万多人次。另外，还利用地热搞温室种植蔬菜和养非洲鲫鱼，以及用地热水育秧等。

知识点

美国阿拉斯加的"万烟谷"是世界上闻名的地热集中地，在24平方千米的范围内，有数万个天然蒸汽和热水的喷孔，喷出的热水和蒸汽的最低温度为97℃，高温蒸汽达645℃，每秒喷出2 300万升的热水和蒸汽，每年从地球内部带往地面的热能相当于600万吨标准煤。新西兰约有近70个地热田和1 000多个温泉。横跨欧亚大陆的地中海—喜马拉雅地热带，从地中海北岸的意大利、匈牙利经过土耳其、俄罗斯的高加索、伊朗、巴基斯坦和印度的北部、中国的西藏、缅甸、马来西亚，最后在印度尼西亚与环太平洋地热带相接。

延伸阅读

以高温干蒸汽为能源的地热电站，一般采用蒸汽法发电。它的发电的工作过程是，当把地热蒸汽引出地面后，先进行净化，即除掉所含的各种杂质，然后就可送入汽轮发电机组发电。如果地热蒸汽中的有害及腐蚀性成分含量较多时，也可以把地热蒸汽作为热源，用它来加热洁净的水，重新产生蒸汽来发电。这就是二次蒸汽法地热发电站。目前全世界约有3/4的地热电站属于这种类型。

海水温差发电

海洋热能转换

很久以来，人类一直在想办法开发在海浪、海流和潮汐中的海洋能。但是，一个更有发展前途的计划可直接将海洋中储存的热能开发出来，这就是海洋热能转换，简称 OTEC。其原理是，利用太阳晒热的热带洋面海水和 760 米深处的冷海水之间的温度差发电。位于夏威夷西海岸林木繁茂的凯卢阿—科纳附近一处古老的火山岩上的试验发电装置，净发电量为 100 千瓦。海洋热能转换装置不但不产生空气污染物或放射性废料，而且它的副产品是无害而有用的淡化海水，每天可生产 7 000 加仑，它味道清新，足以与最好的瓶装饮料媲美。

海洋热能转换装置建在海岸上或近海上，采用的零部件大部分是普通组件，它可以提供足够的电力和淡水，从而使包括夏威夷群岛在内的热带地区不必再进口昂贵的燃料。目前美国宾夕法尼亚州约克海洋太阳能动力公司正在设计一座 100 兆瓦的海上海洋热能发电站，拟建在印度的泰米尔纳德邦。另外一些计划是在马绍尔群岛和维尔京群岛建造较小的装置。根据一项研究，大约有 98 个热带国家和地区可从这一技术中受益。

海洋热能转换装置与其他海洋开发方案相比有不少优点。例如最大的海浪发电装置只能生产几千瓦的电力；海浪和海流所含的能量小，因而不足以持续地产生很大的动力来使发电机运转；潮汐虽有较大的势能，但其开发成本很高，并且只限于在潮汐涨落差至少有 4.9 米的几处海岸上采用。一座建在法国布列塔尼半岛河口上的潮汐发电站装机容量为 240 兆瓦。北美唯一的示范潮汐电站建在加拿大新斯科舍的安纳波利斯河上，装机容量只有几十兆瓦。

而海洋热能转换装置的一大优点是不受变化的潮汐和海浪的影响。储存在海洋中的太阳能任何时候都可获得，这对于海洋热能转换装置的发展至关重要。热带海面的水温通常约在 27℃，深海水温则保持在冰点以上几摄氏度。这样的温度梯度使得海洋热能转换装置的能量转换可达 3% 或 4%，任何一位工程师都知道，热源（温热的水）和冷源（冷水）之间的温差愈大，能量转换系统的效率也就愈高。与之相比，普通烧油或烧煤的蒸汽发电站的温差为 260℃，其热效率在 30% ~ 35% 之间。

海洋热能发电站

海洋热能转换装置必须动用大量的水，方可弥补热效率低的缺点。这就意味着，海洋热能转换装置所产生的电力在输入公用电网之前，还要在该装置上做更多的功。实际上20%～40%的电力用来把水通过进水管道抽入装置内部和海洋热能转换装置四周。据凯卢阿—科纳示范项目的负责人路易斯·维加称，该试验装置的运行大约要消耗150千瓦电力，不过规模较大一些的商用电站本身所消耗的电力占总发电量的百分比将会低些。

正是由于上述原因，在从首次提出海洋热能转换计划至今的一个世纪中，研究人员一直在孜孜不倦地开发海洋热能转换装置，使之既能稳定生产大于驱动泵所需的能量，又能在易被腐蚀的海洋气候条件下良好运行，从而证明海洋热能转换装置的开发和建造是合理的。

开式循环 OTEC 工作原理

凯卢阿—科纳 OTEC 装置的发展较为顺利，该装置由檀香山太平洋高技术研究 OTEC 国际中心经营。1994年9月，凯卢阿—科纳采用的 OTEC 装置是克劳德的开式循环方案，这创造出了海洋热能转换的世界纪录：总发电量达到255千瓦时，净发电量为10 000千瓦。该装置是一项投资为1 200万美元的五年计划，它产生的电力供给夏威夷一家从事太阳能和海洋资源开发的机构——自然能源实验室附近的企业使用。

产生的蒸汽通过涡轮发电机后，被由另一些管子从深海抽来的冷海水冷凝为液体淡化水。抽入的海水只有不到0.5%变成蒸汽，所以，必须向装置中泵入大量海水，才能产生足够的蒸汽驱动大型低压涡轮发电机。这也限制了开式循环系统的总功率不可能超过3兆瓦。此外，大型、笨重的涡轮发电机所需的轴承和支承系统也不现实。采用轻型塑料或复合材料来制造涡轮机，能获得10兆瓦左右的发电装置。即使如此，与普通发电站相比，这种装置的发电能力仍差得太远。例如，一座大型核反应堆能产生100兆瓦的功率。

海洋热能转换系统的另一种类型称为闭式循环系统，它较易达到大型工业规模，理论上发电能力可达100兆瓦。1881年法国工程师雅克·阿塞内·

达桑瓦尔最初提出这种方案，不过从未进行过试验。

闭式循环海洋热能转换系统的作用原理是：海面的温热海水通过热交换器使加压氨气化，氨蒸气再驱动涡轮发电机发电。在另一热交换器中，深海冷海水使氨蒸气冷却恢复液态。一座称为微型 OTEC 装置的漂浮试验装置于 1979 年曾达到 18 千瓦的净发电能力，是闭式循环系统迄今获得的最好成绩。

研究人员还将对放置在下游的水产养殖箱进行监测，以确定从装置中可能浅漏的氨以及海水中加入的少量氯对海洋生物的影响。加入氯是为了防止海藻和其他海洋生物对设备的堵塞。

凯卢阿—科纳试验装置的运行，将有助于了解 OTEC 装置的一个最大的未知因素：装置部件长期被腐蚀性的海水包围，并受到海洋生物的堵塞，其寿命有多长。据工作人员称，现在正采取措施防止锈蚀。

由于开式循环方案不易于扩大发电规模，而闭式循环方案又不能生产饮用水，究竟采用哪种方案为宜，尚难做出决定。

把两种系统组合起来，各取所长，也许是最佳方案，混合型 OTEC 装置可以先通过闭式循环系统发电，然后再利用开式循环过程对装置流出的温海水和冷海水进行淡化。如在开式循环装置上加上第二级淡化装置，则会使饮用水的产量增加 1 倍。

尽管 OTEC 装置仍存在不少工程技术和成本方面的问题，但它毕竟有很大潜力。未来学家认为，它是全世界从石油向氢燃料过渡的重要组成部分，建在海上的 OTEC 装置能够把海水电解而获得氢。自然能源实验室科技规划负责人汤姆·丹尼尔认为："OTEC 在环境方面是良好的，并可能提供人类所需的全部能量。"

知识点

OTEC 的理论研究工作一直在进行，曾发明氖灯光信号的法国人乔治斯·克劳德证实海洋热能发电装置在理论上可行。1930 年他在古巴北部海岸设计和试验了一个 OTEC 装置。被称为开式循环的这种 OTEC 装置获得了专利，功率为 22 千瓦，但该装置运行所消耗的电力超过了发电量，其原因之一是厂址选得不好。此后乔治斯·克劳德又在巴西设计了一个漂浮式海上热能发电装置，不幸由于一根进水管被暴风雨破坏而失败，他本人也因此破产身亡。

延伸阅读

OTEC 也同其他所有的发电方式一样，并非对环境完全无害。从一座 100 兆瓦的 OTEC 电站流出的水量相当于科罗拉多河的流量。流出的水温比进入电站的水温高或低约 3℃，海水咸度和温度的变化，对于当地生态可能产生的影响尚难预料。

石油生物产石油

在地上"种"出石油

人们都知道阿凡提"种金子"的故事，可不一定知道石油也能"种"出来。这是因为石油和煤炭一样，都是从地下开采出来的，人们自然认为它是一种矿物。然而，从石油是古代的动植物形成的这点来看，石油确实可以种植。

美国有位得过诺贝尔奖的化学家，名叫卡达文。他从花生油、菜籽油、豆油这些可以燃烧的植物油都是从地里种出来这点推论出，石油也应该可以种植。于是，从 1978 年起，他就决心要将石油种出来，以验证自己的预言。随后，卡达文就到处寻找有可能生产出石油的植物，并着手进行种植试验。

石油树

有一天，卡达文发现了一种小灌木。他用刀子划破树皮后，一种像橡胶的白色乳汁便流了出来。然后，他对这种乳汁进行化验，发现它的成分和石油很相似，就把这种小灌木叫做"石油树"。

接着，卡达文便忙碌起来，既选种，又育种，还在美国加利福尼亚州试种了约 6 亩地的"石油树"。结果，一年中竟收获了 50 吨石油，引起了人们"种石油"的兴趣。

此后，美国便成立了一个石油植物研究所，专门从事"种石油"的研究试验。这个研究所人员发现，在加利福尼亚州有一种黄鼠草中就含有石油成分。他们从 1 公顷这种野生杂草中提炼出约 1 吨的石油来。后来，研究人员对这种草进行人工培育杂交，提高了草中的石油含量，每公顷可提炼出 6 吨石油。在巴西，有一种高达 30 多米、直径约 1 米的乔木，只要在这种树身上打个洞，1 小时就能流出 7 千克的石油来。

菲律宾有一种能产石油的胡桃，每年可收获两季。有一位种石油树的能手，种了 6 棵这样的胡桃树，一年就收获石油 300 升。

在海洋上"种"石油

人们不仅在陆地上"种"石油，而且还扩大到海洋上去"种"石油，因为大海里的收获量更大。

美国能源部和太阳能研究所利用生长在美国西海岸的巨型海藻，已成功地提炼出优质的"柴油"。据统计，每平方米海面平均每天可采收 50 克海藻，海藻中类脂物含量达 6%，每年可提炼出燃料油 150 升以上。

加拿大科学家对海上"种"石油也产生了兴趣，并进行了成功的试验。他们在一些生长很快的海藻上放入特殊的细菌，经过化学方法处理后，便生长出了"石油"。这和细菌在漫长的岁月中分解生物体中的有机物质而形成石油的过程基本相似。但科学家只用几个星期的时间就代替了几百万年漫长时光。

英国科学家更为独特，他们不是种海藻提炼石油，而是利用海藻直接发电，而且已研制成一套功率为 25 千瓦的海藻发电系统。研究海藻发电的科学家们将干燥后的海藻碾磨成直径约 50 微米的细小颗粒，再将小颗粒加压到 300 千帕，变成类似普通燃料的雾状剂，最后送到特别的发电机组中，就可发出电来。

目前，一些国家的科学家正在海洋上建造"海藻园"新能源基地，利用生物工程技术进行人工种植栽培，形成大面积的海藻养殖，以满足海藻发电的需要。

当前，各国科学家都在积极地进行海藻培植，并将海藻精炼成类似汽油、柴油等液体燃料用于发电，从而开辟了向植物要能源的新途径。

知识点

　　利用海藻代替石油发电，具有这样的两个优点：一是海藻在燃烧过程中产生的二氧化碳，可通过光合作用再循环用于海藻的生长，因而不会向空中释放产生温室效应的气体，有利于保护环境；二是海藻发电的成本比核能发电便宜得多，基本上与用煤炭、石油发电的成本相当。

延伸阅读

　　所谓"石油植物"，是指那些可以直接生产工业用燃料油，或经发酵加工可生产燃料油的植物的总称。现已发现的大量可直接生产燃料油的植物，主要分布在大戟科，如绿玉树、三角戟、续随子等。这些"石油植物"能生产低分子氢化合物，加工后可合成汽油或柴油的代用品。

"接替能源"煤层气

煤层气崭露头角

　　在煤的形成过程中伴随着 3 种副产品生成——甲烷、二氧化碳和水。由于甲烷是可燃性气体，又深藏在煤层之中，所以人们称它为"煤层气"。

　　甲烷一旦产生，便吸附在煤的表面上。甲烷的产生量与煤层深浅有关。一般来讲，煤层越深，煤层气越多。理想的煤层气条件是：煤层深度 300 ~ 900 米，覆盖层厚度超过 300 米，煤层厚度大于 1.5 米，吨煤含气量大于 8.51 立方米，裂缝密度大于 1.5 米/1 条为好。

　　开采甲烷的关键问题有两个：一是使甲烷从煤的表面解吸下来，一般是靠降低煤层压力来解决，主要办法是通过深水移走来降低压力；二是让从煤层表面解吸下来的甲烷顺利穿过裂缝进入井孔。煤层气如果得不到充分利用，会带来两大害处：一是在煤层开采过程中以瓦斯爆炸的形式威胁矿工的生命安全；二是每年全球有上千亿立方米的瓦斯进入大气中，对环境造成巨大污染。所以，在很早以前人们就想把煤层气作为资源加以利用，让它化害为利，这便是人们开发利用煤层气的最初动因。

进入 70 年代后，受能源危机的影响，人们在寻找新能源方面的积极性空前高涨。在有天然气资源的地方，天然气备受青睐；在没有天然气的地区，煤层气便成为人们寻找中的理想新能源。此外，随着开采和

煤层气也就是人们常说的瓦斯

应用技术的进步以及显著的经济效益，又给煤层气的开发利用注入了新的动力。

开发煤层气在经济上的优越性

开发煤层气在经济上的优越性表现在几个方面：勘探费用低、利润高、风险小、生产期长。其勘探费用低于石油的勘探费用，生产气井的成本也较低。一般来讲，煤层气的钻井成功率可达到 90% 以上，打一口井只需要 2 ~ 10 天。浅层井的生产寿命为 16 ~ 25 年，4 米井的生产寿命为 23 ~ 25 年。

有资料表明：全世界煤层气资源为 113.2×10^{12} ~ 198.1×10^{12} 立方米。国外对煤层气的小规模开发利用始于 20 世纪 50 年代，大规模开发利用则是从 80 年代开始的。

目前，美国煤层气的开采在世界上居领先地位，每天煤层气产量已超过 2 800 万立方米。中国煤炭储量为 1×10^{12} 吨，产量居世界首位，煤层气资源为 35×10^{12} 立方米，相当于 450 亿吨标准煤，与中国常规天然气资源相当，已成为世界上最具煤层气开发潜力的国家之一。

中国煤层气的开发已引起了国际社会的关注，美国的安然公司、西方石油公司、德士吉公司、美中能源公司、澳大利亚的略尔公司等西方大公司纷纷进入中国寻求开发项目，目前，中外合作煤层气项目已达到了 20 余个。

知识点

　　煤层气俗称"瓦斯"，其主要成分是 CH_4（甲烷），与煤炭伴生、以吸附状态储存于煤层内的非常规天然气，热值是通用煤的 2~5 倍，主要成分为甲烷。1 立方米纯煤层气的热值相当于 1.13kg 汽油、1.21kg 标准煤，其热值与天然气相当，可以与天然气混输混用，而且燃烧后很洁净，几乎不产生任何废气，是上好的工业、化工、发电和居民生活燃料。煤层气空气浓度达到 5%~16% 时，遇明火就会爆炸，这是煤矿瓦斯爆炸事故的根源。

延伸阅读

　　煤层气可以用作民用燃料、工业燃料、发电燃料、汽车燃料和重要的化工原料，用途非常广泛。每立方煤层气大约相当于 9.5 度电、3 立方米水煤气、1L 柴油、接近 0.8kg 液化石油气、1.1~1.2L 汽油，另外，煤层气燃烧后几乎没有污染物，因此它是相当便宜的清洁型能源。

保护森林系统

保护森林具有重要意义

　　森林作为一种生态系统，包括各种树木和森林中各种动物以及其他植物，最典型的如热带雨林，是全球陆地上基因资源最丰富的宝库。森林是非常重要的环境因素，可以调节气候，涵养水源，保持水土，防风固沙，减轻空气污染，美化环境。因此，保护森林具有重要意义。

　　保护森林的主要措施如下。

　　对森林资源保护，最重要的是提高民众对森林生态系统功能的认识，强化人类生存环境意识，此外还要做好以下工作：

　　1. 健全森林法制、加强林业管理

　　要管好林业，首先要建立和完善林业机构；二是加强林业法制宣传教育；

三是严格管理森林采伐计划、采伐量、采伐方式；四是严格采伐审批手续；五是重视森林火灾和病虫害的防治；六是用征收森林资源税的方法，加强森林保护。

2. 合理利用天然林区

利用森林资源，一定要合理采伐，伐后及时更新，使木材生长量和采伐量基本平衡。同时要提高木材利用率和综合利用率。

3. 分期分地区提高森林覆盖率

在 21 世纪末使我国的森林覆盖率达到 20%，应分期分阶段和分不同地区来实现。

4. 营造农田防护林，加速平原绿化

我国应尽快建立起西北、华北等地区的农田防护林，发挥森林小气候作用，抗御自然灾害。积极推广农林复合生态系统的建设。提高单位面积上的生物生产力和经济效益，同时提高系统的稳定性、改善土地和环境条件，减少水土流失。

5. 搞好城市绿化地带

城市应大力植树造林，把城市变为理想的人工生态系统。我国城市绿化面积很低，上海市仅为人均 0.5 平方米，距国家人均 10 平方米的差距很大，和国外差距更大。

6. 开展林业科学研究

重点开展对森林生态系统生态效益、经济效益、环境效益三者之间关系研究。特别是在取得经济效益的同时注意改

橡胶林

善生态状况，力求生态、经济、环境三者之间相对协调发展。

7. 控制环境污染对森林的影响

大气污染物如 SO_2、O_3、酸雨及酸沉降等都能明显对森林产生不同伤害，影响森林的生长、发育。水污染和土壤污染随着污染物的迁移、转化也将对森林产生影响，控制环境污染的影响有助于森林资源的保护。

科学种树

林学专家对森林的作用进行了详细的研究和分析。专家认为，在森林的生态效果方面，人工林不如天然林。天然林的自然生态环境不仅保护了森林资源，而且保护了森林中的生物多样性，使天然森林中的自然生态环境更加郁郁葱葱。因此，我们就应该树立一个正确的森林保护观点：种植一大片人工林，不如保护好一片天然森林。砍伐一片天然林带来的生态破坏和损失，是再种植几倍大的人工林也无法补上的。这也是我们几十年林业事业发展得出的最好的经验和教训。

面对地表径流逐渐萎缩，土地沙漠化日益加剧，环境日益恶化的现实，大家首先想到的就是人工造林。大规模地种植树木，建设防护林，可以保护土壤，阻挡风沙，涵养水源，保持地区的生态平衡，最终改善或恢复整个地区的生态环境。

人工造林对改善生态环境的作用是无庸质疑的，是一个行之有效的方法。但凡事都必须讲科学，种树也不例外。种树实际上是一门很深的学问，一个地方适不适合种树、种什么树、如何种树、会达到什么效果、树木能存活多长时间等等，都必须用科学的方法来解决。如果盲目种树，不仅不能改善环境，反而会事与愿违，对生态环境造成更大的破坏。

首先，种树要考虑当地的气候和资源条件，因地制宜，"宜树则树，宜草则草，宜荒则荒"。戈壁、沙漠是自然地貌，是千万年来的生态环境造就的，不适合种树。在这些地区如果不考虑当地的实际情况，盲目进行植树造林，效果必定是适得其反。

其次，植树造林必须考虑树种的生物多样性和系统性。种树不是一朝一夕的，树木能否成林也不是短期内就能见效的，要保证人工林能达到预期的生态效应，能可持续发展，就必须充分考虑树种的生物多样性和系统性。如果不考虑树林的生态系统结构，只图整齐、快速，即使在短期内能有些成绩，从长远来看也肯定是要失败的。这在历史上也是有过教训的。1949 – 1953年，前苏联大力实施"斯大林改造大自然计划"，营建防护林绵延数万平方千米，成为当时世界上人类改造大自然的创举之一。但由于防护林树种单一，种的都是橡树，结果发生病虫害，橡树大量死亡。到 20 世纪 60 年代末，保存下来的防护林面积只有 2%。我国也有此类教训。"三北防护林"曾被誉为中国的"绿色长城"。20 余年的时间里，耗资上百亿元，对我国北部地区的生态环境改善起到了积极的作用，但绵延上千里的防护林，有的地方现在已经残缺不全了。这是因为当初造林时不讲科学，到处都是整齐划一的杨树，结果在发生虫害时，单一的杨树成片死亡。仅小小天牛就将宁夏20年的建设成果——几十亿株杨树毁于一旦。

因此，要实现人工林的生态效应，必须从保持生物多样性出发，选择优良的树种，扩大树种资源，实现各林分、树种的合理配置和组合，充分发挥多林种、多树种生物群体的多种功能和效益，形成功能完善，生物学稳定，生态经济高效的生物系统。

合理配置城市绿化系统

在城市中植树造林、种草种花，把一定的地面（空间）覆盖或者是装点起来，这就是城市绿化。

城市绿化是栽种植物以改善城市环境的活动。城市绿化作为城市生态系统中的还原组织。

城市绿地的配置首先应做到集中与分散相结合。绿地配置如果过于分散零碎，对改善城市微小气候将起不到应有作用，过于集中又不便于居民日常利用。因此必须适当集中，布置一些面积很广、风景优美、自然条件较好、设施完备的大型公园，以满足全市居民在文化、卫生和休息等方面的需要。分散的小公园、广场、三角地和街坊内部的绿地又可满足居民日常休息的要求。

其次，绿地在城市中要大体做到均匀分布。城市各类公园、街心广场等大片绿地应各有一定服务半径，保证各处的居民均能利用方便。此外，上述绿地应利用林荫道、行道树、防护地带将它们联结起来，并与郊区的森林公园、防护林带联结成一个包围整个城市的完整的绿化系统，能使城外树林、草地和田野的新鲜空气可以沿着沟渠似的林网流入城市的各个地区。

城市绿化

城市绿化步伐加快。许多城市结合道路建设、河道整治和旧城改造开展绿化工作，有效增加了绿地面积；园林化街道、小区和单位创建活动深入开展；城乡绿化一体化建设快速推进，为城市发展注入了新的活力。2005年，我国城市绿化覆盖率达到31.66%，城市建成区绿化覆盖面积96.3万公顷，人均公共绿地面积7.39平方米。城市森林建设方兴未艾，大多数省会已将城市森林建设纳入了城市总体规划。成功举办第二届中国城市森林论坛，沈阳市被授予"国家森林城市"称号。

知识点

我国西北有些地区为了防止沙漠的蔓延，大量植树造林。植树造林初期，树的长势很好，对土地的沙漠化产生了一定的保护作用。但随着树木的生长，地表的草本植物不断死亡，最终树木也因为缺水而夭折。原因就是，这些地区降水量小，地下水含量少，而随着树木的生长，对水的需求与日俱增，蒸腾作用也不断增强，宝贵的地下水不断被吸收，导致地表的草本植被因缺水而逐渐死亡，最终的结果就可想而知了。

延伸阅读

为了保护中国唯一的热带雨林，早在1958年就建立了西双版纳自然保护区。1986年经国务院批准为国家级自然保护区，1993年被联合国科教文组织接纳为联合国生物圈网络成员。保护区是中国热带森林生态系统保存比较完整、生物资源极为丰富、面积最大的热带原始林区。保护区地跨景洪、勐海、勐腊一市两县，由互不连接的勐养、勐仑、勐腊、尚勇、曼稿5个子保护区组成，总面积24.17万公顷，占全州土地面积12.63%，森林覆盖率高达95.7%。2000年，国务院又批准纳版河自然保护区升格为国家级自然保护区。

保护海洋生态

如何加强海洋的保护

海洋是地球生命的母亲，是全球生命支持系统的基本组成部分，是保证人类可持续发展的重要财富。20 世纪，港口成为诸多大中城市发展的助推剂，海洋国土意识成为我们的共识。

保护海洋是指保护海洋环境，包括保护海洋资源和保护海洋生态系统。保护海洋的主要目标是保护海洋生物资源，使之不致衰竭，以供人类永续利用。特别要优先保护那些有价值和濒临灭绝危险的海洋生物。据联合国有关部门调查，由于过度捕捞、偶然性的捕杀非目标允许捕杀的海洋生物、海岸滩涂的工程建设、红树林的砍伐、普遍的海洋环境污染，至少使世界上 25 个最有价值的渔场资源消耗殆尽，鲸、海龟、海牛等许多海生动物面临灭亡的危险。预计随着海洋开发规模的扩大，有可能对海洋生物资源造成更大的破坏。

海洋保护的任务首先要制止对海洋生物资源的过度利用，其次要保护好海洋生物栖息地或生境，特别是它们洄游、产卵、觅食、躲避敌害的海岸、滩涂、河口、珊瑚礁，要防止重金属、农药、石油、有机物和易产生富营养化的营养物质等污染海洋。保持海洋生物资源的再生能力和海水的自然净化能

美丽的海洋

力，维护海洋生态平衡，保证人类对海洋的持续开发和利用。

首先要树立正确的海洋观。我们的海洋观必须从过去的一味追求商业利益的资源观转化为生态文明的、体现"代内公正"和"代际公正"的"蓝色

家园"观。其次要完善法律制度，依靠法律和制度管理海洋；第三，要实施科技兴海，做到高效微创。只有依靠科学技术才能在取得高经济效益的同时减小环境创伤，做到海洋资源利用与环境保护相协调，鱼与熊掌兼得；第四，要控制陆源污染。具体说来要控制流域排污；加强陆域生态建设，减少水土流失；沿岸城市工业和生活污水适度集中、深度处理、离岸排放；加强海陆协同，实施污染物排海总量控制制度。此外，还要加强海洋生态恢复与建设。实施围填海供给海域面积的总量控制和重点自然岸段的恢复与保护制度；加强自然保护区和特别保护区建设，重点保护滨岸湿地、红树林、珊瑚礁及濒危珍稀物种；注重流域中下游水工建筑与河口生态需水相协调，坚持海域使用论证评估制度和海洋工程环境影响评价制度；适度控制养殖密度与规模，实施清洁化生产和循环经济等。

巧用海洋遏制

在海平面上升的灾难面前，沿海居民正面临着十分严峻的两种选择：要么从海岸撤离，要么挡住海水。

20世纪以来，人类在征服海洋斗争中似乎获得了一种信念，即人类的智慧可以驾驭任何一种自然力，其中有着"低洼之国"之称的荷兰可谓是向海洋主动挑战的英雄，他们精心维护的数百千米的堤坝和天然沙丘使低于海平面一米以上的国土免遭海水的吞噬。

"凡事预则立，不预则废。"专家们认为，修建防波堤虽然只是可以解决燃眉之急，但提前做好准备工作，要比几十年后"临时抱佛脚"便宜90%，能把损失和灾难降低到最低限度。

出席中国海平面变化及对策座谈会的专家一致建议，作为发展中的中国，不能听任海平面上升灾难的摆布，为了使海平面上升的可能性损失大大缩小，从现在起，就要教育人民增强海洋意识，树立防灾观念，要根据中国国情，贯彻以防为主，防救结合的方针。沿海城市要尽量减少开采地下水，搞好回灌，以减轻减少地面沉降；在重点地段建筑防护堤坝预防海水入浸；在地势低洼的岸段新建工程要考虑海平面上升的防范措施，加高起始高度。专家们还一致提议，因海平面上升可能被淹没的地区，从现在起要尽量避免将沿海低地作为新的经济开发区或高技术开发区。据报道，泰国、印度等国政府和组织大都采取放慢发展本国经济的应急措施，制订出行之有效的防护计划。

知识点

海洋生物环境是一个包括海水、海水中溶解物和悬浮物、海底沉积物及海洋生物在内的复杂系统。海洋中丰富的生物资源、矿产资源、化学资源和动力资源等是人类不可缺少的资源宝库，与人类的生存和发展关系极为密切。

延伸阅读

美国正花费高达 320 亿～3 090 亿美元加固加高防波堤、墙，修建新的堤坝，以对付海平面上升 1～2 米所带来的巨大威胁，并停止在海岸线建立新城及工业、旅游、疗养设施和海滨低洼公路。由此看来，这些经济雄厚的国家和地区也是在全力为防止海岸性灾难而制订了行之有效的防护计划和措施，表明了他们无意撤离海岸的决心。